职业教育课程创新精品系列教材

U0394081

公差配合与技术测量

主　编　杨吉英　郝善齐　冯艳红

副主编　李　瑶　苑忠国　李　敏
　　　　周　蔚　沙　恒　赵大青

参　编　张丽莉　姚常报　王世勇
　　　　孙万胜　郑泽勇　葛平海

北京理工大学出版社
BEIJING INSTITUTE OF TECHNOLOGY PRESS

内 容 简 介

本书根据职业教育人才培养目标以及加工制造业等相关行业职业岗位要求编写而成。全书分为 6 个项目，内容包括极限与配合、形状和位置公差、表面粗糙度、测量工具与零件尺寸测量、典型零件的检测、精密测量技术在检测中的应用。依托典型工作任务，以技能训练为主线，结合教学和生产实际，突出实践能力的培养，具有较强的针对性和实用性。

本书可作为职业院校装备制造大类相关专业教材，也可作为相关岗位培训用书，还可供相关工程技术人员参考使用。

版权专有 侵权必究

图书在版编目（CIP）数据

公差配合与技术测量 / 杨吉英，郝善齐，冯艳红主编 . -- 北京 : 北京理工大学出版社，2024.3（2024.10 重印）

ISBN 978-7-5763-3737-2

Ⅰ.①公… Ⅱ.①杨… ②郝… ③冯… Ⅲ.①公差 - 配合②技术测量 Ⅳ.①TG801

中国国家版本馆 CIP 数据核字（2024）第 063453 号

责任编辑: 张鑫星　　**文案编辑:** 张鑫星
责任校对: 周瑞红　　**责任印制:** 边心超

出版发行 / 北京理工大学出版社有限责任公司

社　　址 / 北京市丰台区四合庄路 6 号

邮　　编 / 100070

电　　话 /（010）68914026（教材售后服务热线）
　　　　　　（010）63726648（课件资源服务热线）

网　　址 / http://www.bitpress.com.cn

版 印 次 / 2024 年 10 月第 1 版第 2 次印刷

印　　刷 / 定州市新华印刷有限公司

开　　本 / 889 mm×1194 mm　1/16

印　　张 / 14

字　　数 / 288 千字

定　　价 / 39.90 元

前言

本书坚持以习近平新时代中国特色社会主义思想为指导，贯彻党的二十大精神，落实立德树人根本任务，通过系统学习"公差配合与技术测量"的基础知识，以测量常用机械零部件为实践载体，强化技能训练，旨在培养中职学生掌握加工制造、维修维护、质量检验等岗位必备的职业技能和可持续发展能力，确保学生能够顺应新质生产力发展需求。

本书不仅详细阐述了公差配合与技术测量的基础理论，更侧重于典型零部件技术测量技能的培养，实现了理论与实践的深度融合。本书特色鲜明，主要体现在以下几个方面：

（1）落实立德树人根本任务，构建课程思政价值体系。

编写中，深入贯彻落实党的二十大精神，紧紧围绕立德树人根本任务，把思想政治教育工作贯穿于教育教学全过程。针对专业特点和学情新变化，充分挖掘思政元素，从不同维度出发与国家安全、节能减排、人文素养、科学素养、职业道德等典型案例相结合，通过具体的教学活动和实践环节，把社会主义核心价值观有机浸润到课程教学中，实现德技并修的教育目标，构建课程思政价值链，增强专业认同感和自豪感。

（2）教材设计以学生为中心，能力本位培养为核心。

遵循"以学生为中心、以学习成果为导向"的教育理念，设计具有真实工业场景的任务工单，明确学习目标，激发学生主动性。通过实操、讨论、反思等环节，全面提升学生的测量技能、数据分析能力、问题解决能力等综合素质。

（3）教材架构科学合理，内容逻辑清晰分明。

按照知识认知规律，构建模块化内容体系，分为项目与任务两大层级，内容衔接紧密、逻辑清晰，充分发挥教材综合育人的功能。教材内容设计为：项目概述→任务目标→任务导入→知识链接→巩固练习→项目小结→知识拓展→匠心学堂；一体化任务工单实训教学内容设计为：任务资讯→计划与决策→任务实施→检查与评估→任务评价与反馈。目标明确，层层递进，促进学生对知识和技能的掌握。

（4）产教融合对标岗位能力，突出学生技能训练。

先进制造技术对接职业岗位能力要求，紧密结合行业最新标准与技术，坚持"能力导向、产教融合、协同育人"，以培养机械零件识读检测人才为宗旨，选取企业典型零部件作为教学案例，采用实训任务一体化工单，构建"岗课赛证创"融通的课程体系，通过项目式案例教学，培养训练学生在零件生产和质量控制中的综合应用能力，既注重培养技能，又注重职业意识养成。

（5）多维信息化资源，实现高效助学辅教。

教材提供丰富的配套教学资料，包括教材课程标准、实训任务工单、二维码视频资源、电子教案、PPT课件、巩固练习及答案、项目练习及答案、综合考试及答案等，构建"1+7"教学资源体系。支持线上线下混合式教学，提高教学效率与质量。

本书由日照市科技中等专业学校杨吉英（编写项目一）、郝善齐（编写项目五），济南市技师学院冯艳红（编写项目三任务一）担任主编，日照市科技中等专业学校李瑶（编写项目二任务二）、苑忠国（编写项目二任务三），山东水利职业学院李敏（编写项目四任务四），潍坊市工程技师学院周蔚（编写项目三任务二），山东华宇工学院沙恒（编写项目四任务二），德州职业技术学院赵大青（编写项目四任务三）担任副主编。参加本书编写的还有日照市科技中等专业学校张丽莉（编写项目六任务二）、姚常报（编写项目二任务一）、王世勇（编写项目四任务一）、孙万胜（编写项目六任务一），海信视像科技股份有限公司郑泽勇、山东五征集团有限公司葛平海，提供实训案例和技术协助。全书任务工单由郝善齐、苑忠国编审。

在本书编写过程中，编者参考了国内外大量资料和参考文献，在此，向相关作者致谢。由于编者水平有限，书中不妥之处在所难免，恳请读者批评指正。各单位在选用和推广本教材的同时，请及时提出修改意见和建议，以便我们修改。

编　者

二维码索引

目录

项目概述

　　在机械制造中，合理的极限尺寸与配合对提高产品的性能、质量以及降低制造成本都有重大的作用。实际零件的尺寸总具有一定的偏差，为保证零件能正常使用必须对零件尺寸限制变动范围，从而保证相互配合的零件满足功能要求。通过本项目的学习，掌握互换性、尺寸相关术语、孔与轴的配合及类型、标准公差等级与基本偏差、查表方法、配合制、极限与配合的标注及查表方法。图 1-1 所示为项目一的思维导图。

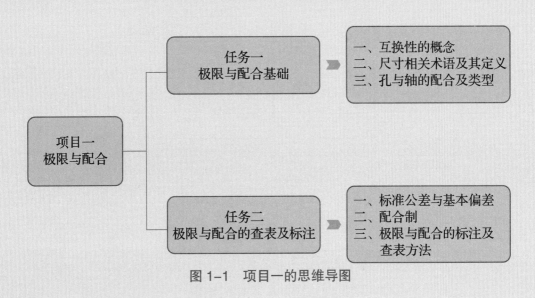

图 1-1　项目一的思维导图

任务一 极限与配合基础

任务目标

（1）具有职业岗位质量意识，能够运用所学知识解决实际问题的能力。

（2）掌握尺寸相关术语，绘制孔与轴的公差带图并分析配合的类型。

（3）能够读懂图样上的尺寸要求和装配要求。

任务导入

零件图上标注的尺寸是图样的重要组成部分，零件上经常有很多部位需要设计很高的尺寸精度以达到使用要求。在生产加工、检验过程中，要先看懂零件图上的尺寸及要求，再根据技术要求选择正确的加工和测量方法，从而保证产品质量及其配合和使用性能。图 1-2 所示为套筒零件图，本任务要求学生掌握尺寸相关术语，正确绘制孔与轴的公差带图并分析配合的类型，读懂零件图上的尺寸要求。

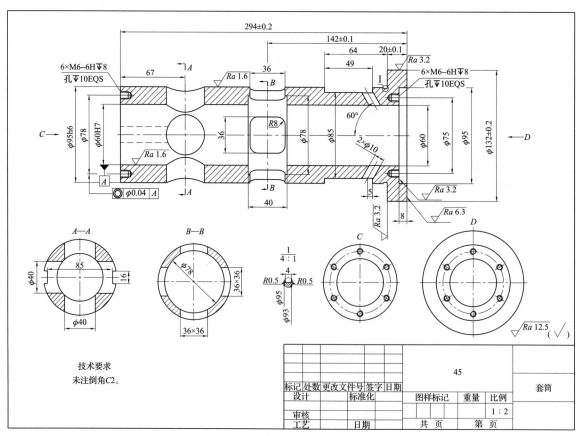

图 1-2　套筒零件图

一、互换性的概念

机械产品中，从同一规格的一批零件（或部件）中任取一件，不经修配就能直接装配到机器或部件上，并能保证使用要求，零件的这种性质称为互换性。

互换性原则广泛用于机械制造中的产品设计、零件加工、产品装配、机器的使用和维修等各个方面。

在现代工业生产中常采用专业化的协作生产，即用分散制造、集中装配的办法来提高生产率，保证产品质量和降低成本。国家标准规定了很多标准件都具有互换性。图1-3所示为部分互换性标准件。因此，互换性是机械制造中的重要生产原则和有效的技术措施。

（a）　　　　　　　（b）　　　　　　　（c）

图1-3　部分互换性标准件

（a）齿轮；（b）螺栓；（c）轴承

二、尺寸相关术语及其定义

零件在制造过程中，由于加工或测量等因素的影响，完工后的实际尺寸总是存在一定的误差。关于尺寸公差的相关名词，如图1-4所示，以阶梯轴外圆尺寸 $\phi 45^{+0.02}_{-0.03}$ mm 为例简要说明。

图1-4　阶梯轴

1. 公称尺寸

由图样规范确定的理想形状要素的尺寸。通过它应用上、下极限偏差可算出极限尺寸。孔的公称尺寸用大写字母 D 表示，轴的公称尺寸用小写字母 d 表示。

公称尺寸：$d = \phi 45$ mm。

2. 实际尺寸

拟合组成要素的尺寸，一般通过测量得到。孔的实际尺寸用 D_a 表示，轴的实际尺寸用 d_a 表示。

3. 极限尺寸

允许尺寸变动的两个极限值，即最大（上）极限尺寸和最小（下）极限尺寸。为了满足要求，实际尺寸位于上、下极限尺寸之间，含极限尺寸。孔的极限尺寸用 D_{max}、D_{min} 表示，轴的

极限尺寸用 d_{max}、d_{min} 表示。

轴的最大（上）极限尺寸：$d_{max} = d + es = \phi45 + 0.02 = \phi45.02$（mm）；

轴的最小（下）极限尺寸：$d_{min} = d - ei = \phi45 - 0.03 = \phi44.97$（mm）。

4. 极限偏差

最大（上）极限尺寸减其公称尺寸所得的代数差称为上极限偏差；最小（下）极限尺寸减其公称尺寸所得的代数差称为下极限偏差，两者统称为极限偏差，简称上偏差和下偏差。孔的上、下极限偏差分别用大写字母 ES 和 EI 表示；轴的上、下极限偏差分别用小写字母 es 和 ei 表示。

轴的上极限偏差：$es = d_{max} - d = \phi45.02 - \phi45 = +0.02$（mm）；

轴的下极限偏差：$ei = d_{min} - d = \phi44.97 - \phi45 = -0.03$（mm）。

5. 尺寸公差（T）

尺寸公差是允许尺寸的变动量，简称公差。公差的数值等于最大极限尺寸与最小极限尺寸之差的绝对值，也等于上极限偏差与下极限偏差之差的绝对值。孔的公差用 T_D（或 T_h）表示，轴的公差用 T_d（或 T_s）表示。外圆 $\phi45^{+0.02}_{-0.03}$ mm 的公差值为

$$T_d = \left| d_{max} - d_{min} \right| = \left| \phi45.02 - \phi44.97 \right| = 0.05\text{（mm）}$$

或 $T_d = \left| es - ei \right| = \left| +0.02 - (-0.03) \right| = 0.05$（mm）

为了说明尺寸、偏差与公差之间的关系，一般采用如图 1-5 所示极限与配合示意图，从图中可直观地看出公称尺寸、极限偏差和公差之间的关系。

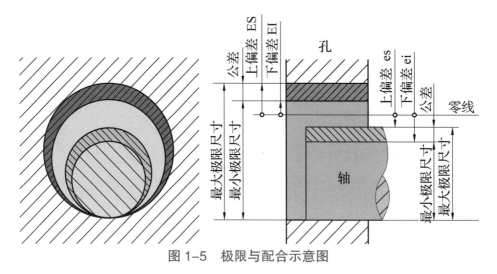

图 1-5　极限与配合示意图

6. 零线与公差带

1）零线

在公差带中，表示公称尺寸的一条直线称为零线。以零线为基准，确定偏差和公差。

2）公差带

在公差带图中，由代表上极限偏差和下极限偏差或最大极限尺寸和最小极限尺寸的两条直

线所限定的区域称为公差带。

确定公差带的要素有两个，即公差带大小和公差带位置。公差带大小是指公差带沿垂直于零线方向的宽度，由公差值的大小决定；公差带位置，由靠近零线的那个极限偏差决定，如图 1-6 所示。图 1-7 所示为 $\phi 45^{+0.02}_{-0.03}$ mm 轴公差带图。

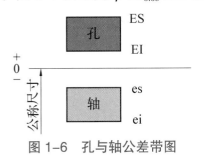

图 1-6　孔与轴公差带图

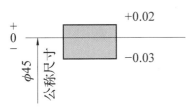

图 1-7　$\phi 45^{+0.02}_{-0.03}$ mm 轴公差带图

三、孔与轴的配合及类型

公称尺寸相同、相互结合的孔和轴公差带之间的关系称为配合。由于孔和轴的实际尺寸不同，配合后会产生间隙或过盈。孔的尺寸减去轴的尺寸之差为"正"是间隙，配合较松；为"负"是过盈，配合较紧。根据形成的间隙或过盈情况，配合分为间隙配合、过渡配合、过盈配合三类。

1. 间隙配合

具有间隙（包括最小间隙等于零）的配合称为间隙配合。

此时，孔的公差带在轴的公差带上方，如图 1-8 所示。孔的实际尺寸总比轴的实际尺寸大或者相等，轴在孔内能自由转动或移动。

孔轴的实际间隙在最大间隙和最小间隙之间变动。

最大间隙用 X_{max} 表示，最小间隙用 X_{min} 表示，平均间隙用 X_{av} 表示。

$$X_{max} = D_{max} - d_{min} = ES - ei$$
$$X_{min} = D_{min} - d_{max} = EI - es$$
$$X_{av} = (X_{max} + X_{min})/2$$

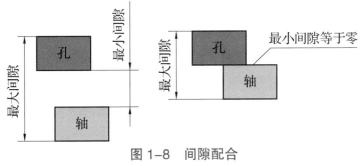

图 1-8　间隙配合

间隙配合与过盈配合

2. 过渡配合

可能具有间隙或过盈的配合称为过渡配合。

此时，孔的公差带与轴的公差带相互交叠，如图 1-9 所示。轴的实际尺寸比孔的实际尺寸有时大、有时小。孔轴的实际间隙或过盈在最大间隙（X_{max}）和最大过盈（Y_{max}）之间变动。

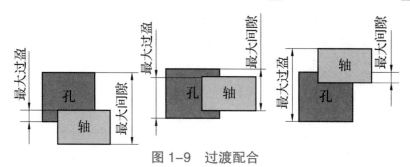

图 1-9　过渡配合

3. 过盈配合

具有过盈（包括最小过盈等于零）的配合称为过盈配合。

此时，孔的公差带在轴的公差带下方，如图 1-10 所示。孔的实际尺寸总是比轴的实际尺寸小或者相等，装配时需要一定的外力或将带孔零件加热膨胀后才能把轴转入孔中。所以，轴与孔装配后不能做相对运动。

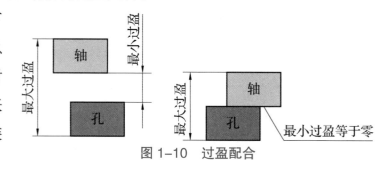

图 1-10　过盈配合

孔轴的实际过盈在最大过盈和最小过盈之间变动。

最大过盈用 Y_{max} 表示，最小过盈用 Y_{min} 表示，平均过盈用 Y_{av} 表示。

$$Y_{max} = D_{max} - d_{min} = ES - ei$$

$$Y_{min} = D_{min} - d_{max} = EI - es$$

$$Y_{av} = (Y_{max} + Y_{min})/2$$

4. 配合公差

配合公差是允许间隙或过盈的变动量，用 T_f 表示。配合公差越大，则配合后的松紧差别程度越大，配合精度越低。反之，则配合后的松紧差别程度越小，配合精度越高。

间隙配合公差：$T_f = |X_{max} - X_{min}|$；

过渡配合公差：$T_f = |X_{max} + Y_{max}|$；

过盈配合公差：$T_f = |Y_{max} - Y_{min}|$。

巩固练习

（1）如图 1-11（a）所示，轴外圆的公称尺寸是_____，最大极限尺寸是_____，最小极限尺寸是_____，上偏差是_____，下偏差是_____，公差值是_____；若该轴外圆加工后的实际尺寸是 $\phi13.990\,mm$，该零件尺寸_____（是否）合格。

（2）加工一批轴和轴套，如图 1-11 所示，绘制轴和轴套尺寸的公差带图；观察公差带图，分析轴套内孔与轴的配合属于哪种类型？

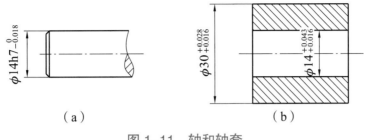

图 1-11 轴和轴套

（a）轴；（b）轴套

（3）图 1-12 所示为相互配合的轴和孔的公差带图，分别写出孔、轴的尺寸公差，判断其配合的类型，试计算相应的间隙或过盈。

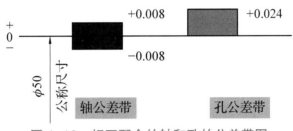

图 1-12 相互配合的轴和孔的公差带图

 任务二 极限与配合的查表及标注

任务目标

（1）能够主动查阅工具书解决问题，养成自主学习的习惯，形成严密的逻辑思维。

（2）掌握孔与轴标准公差与基本偏差的含义及用途。

（3）学会孔与轴标准公差、基本偏差的查表方法，计算并标注图样上尺寸要求的极限尺寸（或偏差），确定配合类型。

任务导入

极限与配合的正确标注，在图样中非常重要，决定一件产品、一台设备的质量和使用寿命。图 1-13 所示为齿轮油泵装配图，本任务要求学生学习知识链接的内容，掌握孔与轴标准公差与基本偏差的含义，看懂公差带代号，学会孔与轴标准公差、基本偏差的查表方法，能计算并标注图样上尺寸要求的极限尺寸（或偏差），确定配合类型。

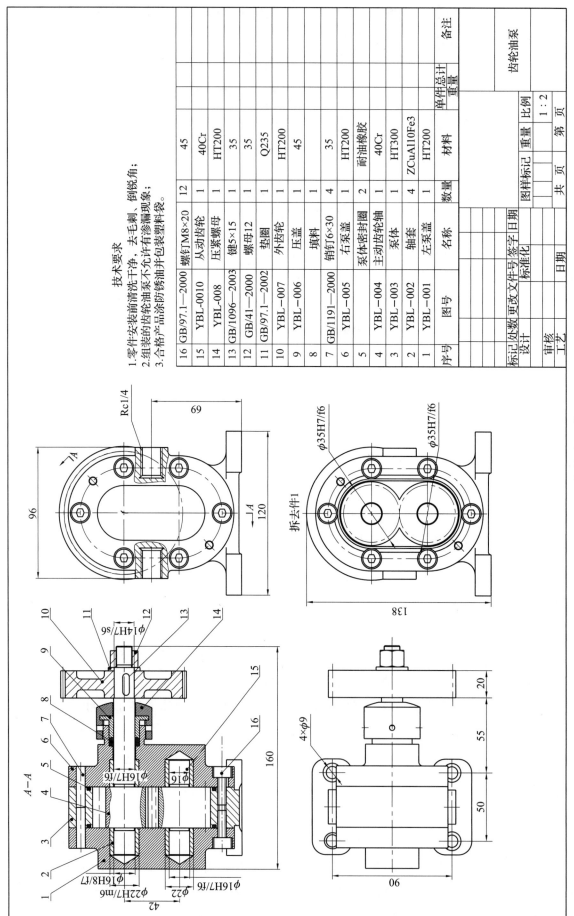

技术要求
1. 零件安装前清洗干净，去毛刺，倒锐角；
2. 组装的齿轮油泵不允许有渗漏现象；
3. 合格产品涂防锈油并包装塑料袋。

序号	图号	名称	数量	材料	单件	总计	备注
					重量		
16	GB/97.1—2000	螺钉M8×20	12	45			
15	YBL-0010	从动齿轮	1	40Cr			
14	YBL-008	压紧螺母	1	HT200			
13	GB/1096—2003	键5×15	1	35			
12	GB/41—2000	螺母12	1	35			
11	GB/97.1—2002	垫圈	1	Q235			
10	YBL-007	外齿轮	1	HT200			
9	YBL-006	压盖	1	45			
8		填料	1				
7	GB/1191—2000	销钉6×30	4	35			
6	YBL-005	右泵盖	1	HT200			
5		泵体密封圈	2	耐油橡胶			
4	YBL-004	主动齿轮轴	1	40Cr			
3	YBL-003	泵体	1	HT300			
2	YBL-002	轴套	4	ZCuAl10Fe3			
1	YBL-001	左泵盖	1	HT200			

标记	处数	更改文件号	签字	日期					
设计					标准化		图样标记	重量	比例
审核									1：2
工艺					日期		共　页	第　页	

齿轮油泵

图 1-13　齿轮油泵装配图

知识链接

一、标准公差与基本偏差

为了满足不同的配合要求，国家标准规定：公差带由公差大小和基本偏差组成。公差带的大小由标准公差（IT）确定，公差带的位置由基本偏差确定。

1.标准公差（IT）

国家标准列出的用以确定公差带大小的任一公差称为标准公差。标准公差数值由公称尺寸和公差等级来确定。

确定尺寸精确程度的等级称为公差等级。国家标准设置了20个公差等级，即IT01、IT0、IT1、IT2、…、IT18。IT01公差值最小，精度最高；IT18公差值最大，精度最低。表1-1所示为公称尺寸（≤500 mm）的标准公差数值。

表1-1　公称尺寸（≤500 mm）的标准公差数值（GB/T 1800.1—2020）

公称尺寸 /mm		标准公差等级																		
		IT01	IT0	IT1	IT2	IT3	IT4	IT5	IT6	IT7	IT8	IT9	IT10	IT11	IT12	IT13	IT14	IT15	IT16	IT17	IT18
大于	至	μm													mm						
—	3	0.3	0.5	0.8	1.2	2	3	4	6	10	14	25	40	60	0.1	0.14	0.25	0.4	0.6	1	1.4
3	6	0.4	0.6	1	1.5	2.5	4	5	8	12	18	30	48	75	0.12	0.18	0.3	0.48	0.75	1.2	1.8
6	10	0.4	0.6	1	1.5	2.5	d	6	9	15	22	36	58	90	0.15	0.22	0.36	0.58	0.9	1.5	22
10	18	0.5	0.8	1.2	2	3	5	8	11	18	27	43	70	110	0.18	0.27	0.43	0.7	1.1	1.8	2.7
18	30	0.6	1	1.5	2.5	4	6	9	13	21	33	52	84	130	0.21	0.33	0.52	0.84	1.3	2.1	3.3
30	50	0.6	1	1.5	2.5	4	7	11	16	25	39	62	100	160	0.25	0.39	0.62	1	1.6	2.5	3.9
50	80	0.8	1.2	2	3	5	8	13	19	30	46	74	120	190	0.3	0.46	0.74	1.2	1.9	3	4.6
80	120	1	1.5	2.5	4	6	10	15	22	35	54	87	140	220	0.35	0.54	0.87	1.4	2.2	3.5	5.4
120	180	1.2	2	3.5	5	8	12	18	25	40	63	100	160	250	0.4	0.63	1	1.6	2.5	4	6.3
180	250	2	3	4.5	7	10	14	20	29	46	72	115	185	290	0.46	0.72	1.15	1.85	2.9	4.6	7.2
250	315	2.5	4	6	8	12	16	23	32	52	81	130	210	320	0.52	0.81	1.3	2.1	3.2	5.2	8.1
315	400	3	5	7	9	13	18	25	36	57	89	140	230	360	0.57	0.89	1.4	2.3	3.6	5.7	8.9
400	500	4	6	8	10	15	20	27	40	63	97	155	250	400	0.63	0.97	1.55	2.5	4	6.3	9.7

注：1. 公称尺寸大于500 mm的IT1~IT5的标准公差数值为试行的。

　　2. 公称尺寸小于或等于1 mm时，无IT4~IT8。

例如，公称尺寸 20 mm 的 IT6，查表得标准公差数值为 0.013 mm；公称尺寸 400 mm 的 IT6，查表得标准公差数值为 0.036 mm；两者公称尺寸不同，精度等级相同，但标准公差数值相差很大。

公称尺寸 30 mm 的 IT6，查表得标准公差数值为 0.013 mm；公称尺寸 30 mm 的 IT8，查表得标准公差数值为 0.033 mm；两者公称尺寸相同，但精度等级不同，标准公差值相差也很大。

因此，公差等级越高，零件的精度越高，使用性能越好，但加工难度大，生产成本高；公差等级越低，零件的精度越低，使用性能也越差，但加工难度减小，生产成本降低。在标准公差等级中，IT01~IT11 用于配合尺寸，IT12~IT18 用于非配合尺寸。

2. 基本偏差

基本偏差是指用来确定公差带相对于零线位置的上极限偏差或下极限偏差，一般是指靠近零线的那个偏差，如图 1-14 所示。当公差带在零线上方时，基本偏差为下极限偏差；当公差带在零线下方时，基本偏差为上极限偏差；有的公差带相对于零线是完全对称的，则基本偏差既可以为上极限偏差，也可以为下极限偏差，但只能规定一个为基本偏差。例如，（$\phi50 \pm 0.008$）mm 的基本偏差可以为上极限偏差 +0.008 mm，也可以为下极限偏差 −0.008 mm。

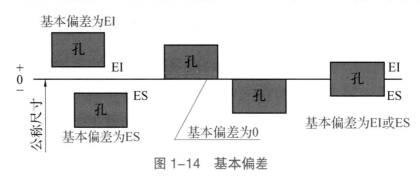

图 1-14　基本偏差

基本偏差的代号用拉丁字母表示，国家标准对孔和轴各规定了 28 个基本偏差，对孔用大写字母 A、B、…、ZC 表示，对轴用小写字母 a、b、…、zc 表示，如图 1-15 所示。图中，公差带只画了靠近零线的一端，另一端是开口的，只表示公差带位置，不表示公差带的大小。由图 1-15 可知，"H" 在零线上方，下偏差为 0，"h" 在零线下方，上偏差为 0。

基本偏差的数值是由孔、轴公称尺寸和基本偏差代号确定的，可以从附录一［公称尺寸 ≤ 500 mm 轴的基本偏差数值（摘自 GB/T 1800.1—2020）］和附录二［公称尺寸 ≤ 500 mm 孔的基本偏差数值（摘自 GB/T 1800.1—2020）］中查的。例如，公称尺寸 $\phi30$ mm 的轴，基本偏差代号为 f 时，查表可知基本偏差数值为 −20 μm；基本偏差代号为 g 时，查表可知基本偏差数值为 −7 μm。

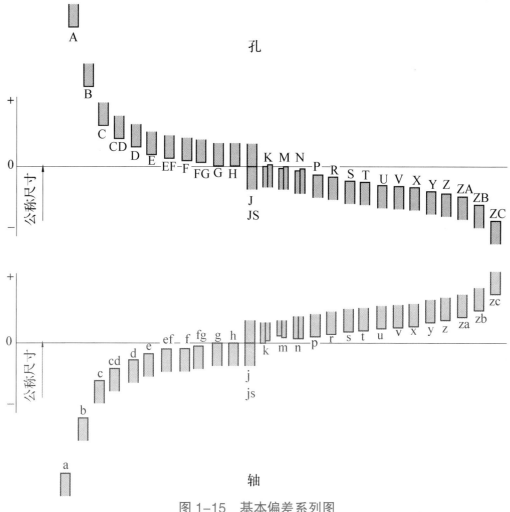

图 1-15 基本偏差系列图

公差带代号用基本偏差的"字母"和标准公差等级的"数字"表示。图样上标注公差尺寸时，在公称尺寸后标注公差带代号表示。孔与轴的公差带代号分别如图 1-16 和图 1-17 所示。

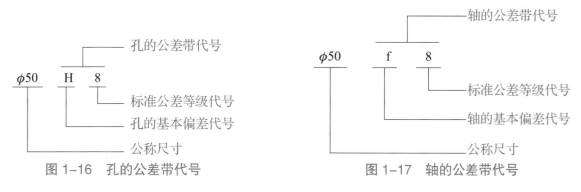

图 1-16 孔的公差带代号　　　　图 1-17 轴的公差带代号

二、配合制

在制造相互配合的零件时，使其中一种零件作为基准件，它的基本偏差固定，通过改变另一种非基准件的基本偏差来获得各种不同性质的配合制度称为配合制。国家标准规定了两种配合制，即基孔制配合和基轴制配合。

1. 基孔制配合

指基本偏差为一定的孔的公差带，与不同基本偏差的轴的公差带形成各种配合的一种制度。基孔制配合孔的下极限尺寸与公称尺寸相等（即基本偏差代号为 H），孔的下偏差为 0，如图 1–18 所示。

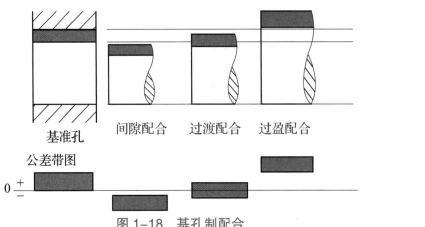

基孔制与基
轴制

图 1–18　基孔制配合

2. 基轴制配合

指基本偏差为一定的轴的公差带，与不同基本偏差的孔的公差带形成的各种配合的一种制度。基轴制配合轴的上极限尺寸与公称尺寸相等（即基本偏差代号为 h），轴的上偏差为 0，如图 1–19 所示。

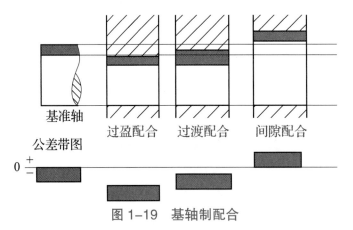

图 1–19　基轴制配合

3. 配合制的选用

从经济角度出发，为避免刀具和量具的品种、规格过于繁杂，国家标准对配合数目进行了限制。对基孔制规定了 45 种常用配合，对基轴制规定了 38 种常用配合。在常用配合中，又对基孔制规定了 16 种优先配合，对基轴制规定了 18 种优先配合，如表 1–2 和表 1–3 所示。

表 1-2 基孔制优先、常用配合（摘自 GB/T 1800.1—2020）

基准孔	轴																	
	b	c	d	e	f	g	h	js	k	m	n	p	r	s	t	u	x
	间隙配合							过渡配合			过盈配合							
H6						$\frac{H6}{g5}$	$\frac{H6}{h5}$	$\frac{H6}{js5}$	$\frac{H6}{k5}$	$\frac{H6}{m5}$	$\frac{H6}{n5}$	$\frac{H6}{p5}$					
H7					$\frac{H7}{f6}$	$\frac{H7}{g6}$	$\frac{H7}{h6}$	$\frac{H7}{js6}$	$\frac{H7}{k6}$	$\frac{H7}{m6}$	$\frac{H7}{n6}$	$\frac{H7}{p6}$	$\frac{H7}{r6}$	$\frac{H7}{s6}$	$\frac{H7}{t6}$	$\frac{H7}{u6}$	$\frac{H7}{x6}$
H8				$\frac{H8}{e7}$	$\frac{H8}{f7}$		$\frac{H8}{h7}$	$\frac{H8}{js7}$	$\frac{H8}{k7}$	$\frac{H8}{m7}$				$\frac{H8}{s7}$		$\frac{H8}{u7}$	
H8			$\frac{H8}{d8}$	$\frac{H8}{e8}$	$\frac{H8}{f8}$		$\frac{H8}{h8}$										
H9			$\frac{H9}{d8}$	$\frac{H9}{e8}$	$\frac{H9}{f8}$		$\frac{H9}{h8}$										
H10	$\frac{H10}{b9}$	$\frac{H10}{c9}$	$\frac{H10}{d9}$	$\frac{H10}{e9}$			$\frac{H10}{h9}$										
H11	$\frac{H11}{b10}$	$\frac{H11}{c10}$	$\frac{H11}{d10}$				$\frac{H11}{h10}$										

注：标注▮的配合为优先配合。

表 1-3 基轴制优先、常用配合（摘自 GB/T 1800.1—2020）

基准轴	孔																	
	B	C	D	E	F	G	H	JS	K	M	N	P	R	S	T	U	X
	间隙配合							过渡配合			过盈配合							
h5						$\frac{G6}{h5}$	$\frac{H6}{h5}$	$\frac{JS6}{h5}$	$\frac{K6}{h5}$	$\frac{M6}{h5}$	$\frac{N6}{h5}$	$\frac{P6}{h5}$					
h6					$\frac{F7}{h6}$	$\frac{G7}{h6}$	$\frac{H7}{h6}$	$\frac{JS7}{h6}$	$\frac{K7}{h6}$	$\frac{M7}{h6}$	$\frac{N7}{h6}$	$\frac{P7}{h6}$	$\frac{R7}{h6}$	$\frac{S7}{h6}$	$\frac{T7}{h6}$	$\frac{U7}{h6}$	$\frac{X7}{h6}$
h7				$\frac{E8}{h7}$	$\frac{F8}{h7}$		$\frac{H8}{h7}$										
h8			$\frac{D9}{h8}$	$\frac{E9}{h8}$	$\frac{F9}{h8}$		$\frac{H9}{h8}$										
				$\frac{E8}{h9}$	$\frac{F8}{h9}$		$\frac{H8}{h9}$										
			$\frac{D9}{h9}$	$\frac{E9}{h9}$	$\frac{F9}{h9}$		$\frac{H9}{h9}$										
h9		$\frac{C10}{h9}$	$\frac{D10}{h9}$				$\frac{H10}{h9}$										
	$\frac{B11}{h9}$																

注：标注▮的配合为优先配合。

配合制的选用原则：

（1）优先选用基孔制。

一般情况下，应优先选用基孔制，可以减少刀具、量具的品种和规格，有利于刀具和量具的标准化、系列化，从而降低生产成本。

（2）下列情况下选用基轴制。

有明显经济效益时。例如，采用冷拔圆棒料制作精度要求不高的轴，由于这种棒料外圆的尺寸准确、表面光洁，其外圆不需加工就能满足配合要求，这时采用基轴制，在技术上、经济上都是合理的。

同一轴与公称尺寸相同的几个孔配合，且配合性质要求不同的情况下选用基轴制。

（3）根据标准件选用配合制。

当设计的零件与标准件相配合时，配合制的选择通常依标准件而定。例如，当零件与滚动轴承配合时，滚动轴承内圈与轴的配合采用基孔制，而滚动轴承外圈与孔的配合采用基轴制。

三、极限与配合的标注及查表方法

1. 在零件图上的标注形式

在零件图上标注公差有以下三种形式，如图 1-20 所示。

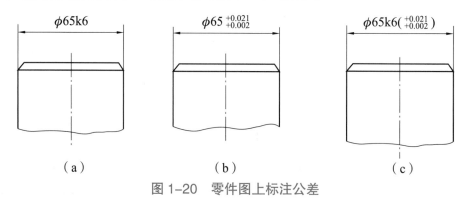

图 1-20　零件图上标注公差

（1）在公称尺寸后面只标注公差带代号。此时，公称尺寸、基本偏差代号和公差等级字体的高度相同，如图 1-20（a）所示。这种形式用于大批量生产的零件图上。

（2）在公称尺寸后面注出极限偏差数值。极限偏差数值的字体比公称尺寸的字体小一号，如图 1-20（b）所示。若上、下极限偏差相同，而符号相反，则可简化标注，如 $\phi 30 \pm 0.02$。这种形式用于单件或小批量生产的产品零件图上，应用较为广泛。

（3）在公称尺寸后面，既注出公差带代号，又注出极限偏差数值（偏差数值加括号）的复合标注形式，如图 1-20（c）所示。这种形式用于生产批量不定的零件图上。

2. 极限偏差数值的查表方法

图样上经常采用公称尺寸后面只标注公差带代号的形式标注，如图 1-20（a）所示，其极限偏差数值要通过查表来确定，有两种查表方法。

方法一：利用孔或轴的基本偏差数值表（见附录一、附录二），先查找出相应的基本偏差数值；再结合标准公差数值表（表 1–1）找到对应的公差数值；最后通过计算确定孔、轴的极限偏差数值。

方法二：查国家标准中轴和孔的极限偏差数值表（见附录三、附录四），直接可以查出轴和孔的两个极限偏差数值。

综合案例一： 查表确定 ϕ30H8 的极限偏差与公差。

首先，从 ϕ30H8 中的 H 可以确定该尺寸代号为孔的公差带代号。

方法一：

（1）先从"附录二"孔的基本偏差数值表中，由公称尺寸 30、基本偏差 H，查到孔的下极限偏差（EI）数值为 0。

（2）再从表 1–1 标准公差数值中，由公称尺寸 30、公差等级 IT8，查到标准公差数值为 33 μm（0.033 mm）。

（3）最后确定孔的上极限偏差数值（ES）为 +0.033 mm。

即孔的尺寸公差为 ϕ30H8 $\left(^{+0.033}_{0}\right)$。

方法二：

（1）从"附录四"孔的极限偏差表中，由公称尺寸 30、公差带 H、公差等级 8，可以很方便地查到孔的上极限偏差为 +33 μm（+0.033 mm）、下极限偏差为 0 μm（0 mm），如图 1–21 所示。

极限偏差的
查表方法

大写字母H表示孔公差带

公称尺寸 /mm		公差带												
		G				H								
		公差等级													
大于	至	5	6	7	8	1	2	3	4	5	6	7	8	9
–	3	+6 +2	+8 +2	+12 +2	+16 +2	+0.8 0	+1.2 0	+2 0	+3 0	+4 0	+6 0	+10 0	+14 0	+25 0
3	6	+9 +4	+12 +4	+16 +4	+12 +4	+1 0	+1.5 0	+2.5 0	+4 0	+5 0	+8 0	+12 0	+18 0	+30 0
6	10	+11 +5	+14 +5	+20 +5	+27 +5	+1 0	+1.5 0	+2.5 0	+4 0	+6 0	+9 0	+15 0	+22 0	+36 0
10	14	+14 +6	+17 +6	+24 +6	+33 +6	+1.2 0	+2 0	+3 0	+5 0	+8 0	+11 0	+18 0	+27 0	+43 0
14	18													
18	24	+16 +7	+20 +7	+28 +7	+40 +7	+1.5 0	+2.5 0	+4 0	+6 0	+9 0	+13 0	+21 0	+33 0	+52 0
24	30													

公称尺寸范围

公差等级为IT8，极限偏差为$^{+33}_{0}$ μm

图 1–21 极限偏差查表方法示例

即孔的尺寸公差为 $\phi 30\text{H}8\left(^{+0.033}_{\;\;\;0}\right)$。

（2）孔的公差值：上极限偏差减下极限偏差，即 $|+0.033-0|=0.033$（mm）。

注意：查公称尺寸时，对于处于公称尺寸界线位置上的公称尺寸该属于哪个尺寸段不要弄错。例如，$\phi 10\text{ mm}$，应查"大于 6 mm 至 10 mm"行，而不是"大于 10 mm 至 14 mm"行，如图 1-21 所示。

综合案例二：公称尺寸为 $\phi 30\text{ mm}$ 的孔与轴尺寸公差及其配合的标注；分析孔与轴的配合情况。

图 1-22 所示为轴与孔的三种标注形式。

图 1-23 所示为轴与孔配合的三种标注形式及公差带图。

$\phi 30\text{f}7$ $\phi 30\text{H}8$

$\phi 30^{-0.020}_{-0.041}$ $\phi 30^{+0.033}_{\;\;\;0}$

$\phi 30\text{f}7\left(^{-0.020}_{-0.041}\right)$ $\phi 30\text{H}8\left(^{+0.033}_{\;\;\;0}\right)$

图 1-22　轴与孔的三种标注形式

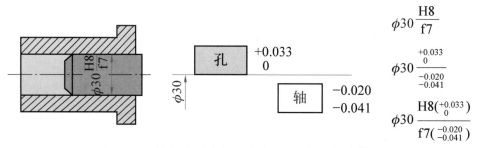

$\phi 30\dfrac{\text{H}8}{\text{f}7}$

$\phi 30\dfrac{^{+0.033}_{\;\;\;0}}{^{-0.020}_{-0.041}}$

$\phi 30\dfrac{\text{H}8\left(^{+0.033}_{\;\;\;0}\right)}{\text{f}7\left(^{-0.020}_{-0.041}\right)}$

图 1-23　轴与孔配合的三种标注形式及公差带图

从孔与轴的公差带图中可以很方便地看出：孔的公差带在轴的公差带上方，且孔的下偏差为 0，其基本偏差代号为 H，因此该配合为基孔制间隙配合，也可以查表 1-2 确定。

巩固练习

（1）分析图 1-13 齿轮油泵装配图，查表确定 $\phi 16\text{H}7/\text{f}6$、$\phi 14\text{H}7/\text{s}6$、$\phi 35\text{H}7/\text{f}6$ 三种配合中孔与轴的极限偏差；你能结合各处的配合类型，简要说明齿轮油泵的工作原理吗？

（2）结合图 1-24 中的轴、轴套及箱体的配合尺寸，完成下面的任务。

①根据装配图上标注的配合尺寸，说出轴、轴套及箱体上配合部位孔和轴的公差带代号；查表确定各处的上、下极限偏差；并在零件图上用复合标注形式进行尺寸标注。

②绘制轴套与箱体配合 $\phi 40\text{H}7/\text{n}6$、轴套与轴配合 $\phi 25\text{H}8/\text{f}7$ 公差带图；并分析是基孔制还是基轴制？两组配合是什么配合形式？（间隙配合、过渡配合、过盈配合）

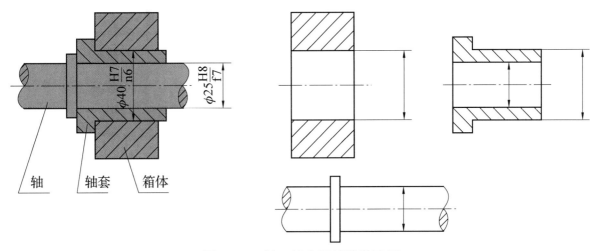

图 1-24　轴、轴套及箱体装配图

项目小结

1. 明确公称尺寸、尺寸偏差、公差及极限尺寸之间的关系。
2. 理解尺寸公差代号，学会标准公差数值和基本偏差的查表方法，并进行正确的计算。
3. 能看懂零件图上的尺寸精度要求和分析装配图上的配合要求。

知识拓展

图样上的尺寸要求

　　球阀是生活中经常见到的一种部件，是管路系统中的一个开关，如图 1-25 所示。由球阀装配图（图 1-26）可以看出，球阀上设计了三处有配合要求的结构，其工作原理是驱动扳手使阀杆和阀芯转动，从而控制球阀启闭。阀杆和阀芯包容在阀体内，阀通过四个螺栓与阀体连接。

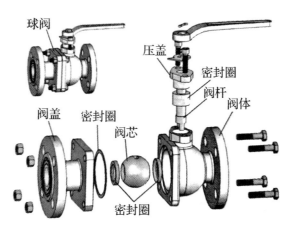

图 1-25　球阀结构图

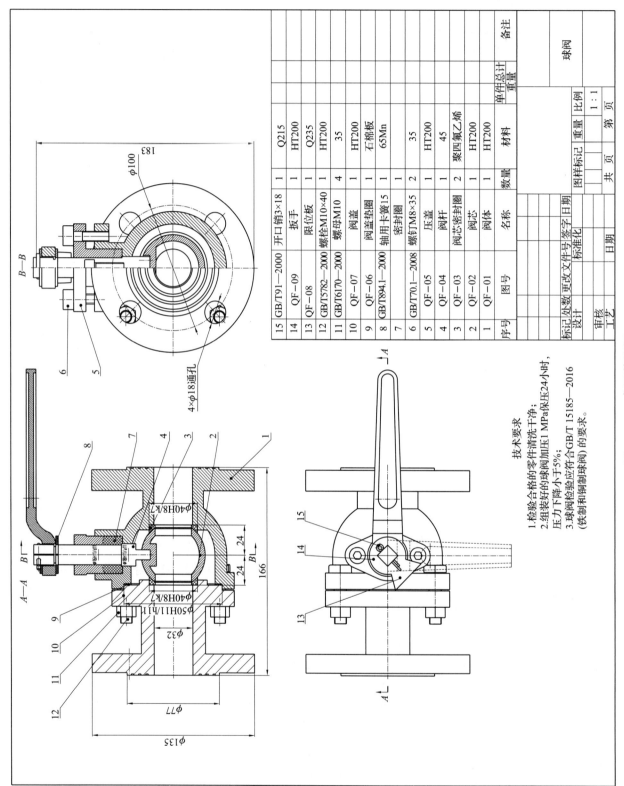

图 1-26　球阀装配图

技术要求

1.检验合格的零件清洗干净;

2.组装好的球阀加压1 MPa保压24小时,压力下降小于5%;

3.球阀检验应符合GB/T 15185—2016(铁制和铜制球阀)的要求。

序号	图号	名称	数量	材料	备注
15	GB/T91—2000	开口销3×18	1	Q215	
14	QF-09	扳手	1	HT200	
13	QF-08	限位板	1	Q235	
12	GB/T5782-2000	螺栓M10×40	1	HT200	
11	GB/T6170-2000	螺母M10	4	35	
10	QF-07	阀盖	1	HT200	
9	QF-06	阀盖垫圈	1	石棉板	
8	GB/T894.1-2000	轴用卡簧15	1	65Mn	
7		密封圈	1		
6	GB/T70.1-2008	螺钉M8×35	2	35	
5	QF-05	压盖	1	HT200	
4	QF-04	阀杆	1	45	
3	QF-03	阀芯密封圈	2	聚四氟乙烯	
2	QF-02	阀芯	1	HT200	
1	QF-01	阀体	1	HT200	

标记	处数	更改文件号	签字	日期			球阀
设计				日期	图样标记	重量	比例
审核		标准化					1:1
工艺					共 页	第 页	

球阀中间的阀杆是轴套类零件，阀杆上部为四棱柱体，与扳手的方孔配合，由零件图（图 1-27）可知：该处尺寸有精度要求，球阀下部带球面的凸形插入阀芯上部的通槽内，以便使用扳手带动阀杆和阀芯旋转，控制球阀的启闭和流量。从零件图上还可以看出阀杆有两处径向尺寸有精度要求，即 $\phi16a11\ (^{-0.05}_{-0.16})$、$\phi18a11\ (^{-0.29}_{-0.40})$，说明这两部分与球阀中的填料压紧套和阀体有配合关系，所以表面质量要求也较高，即 Ra 为 6.3 μm 和 3.2 μm。

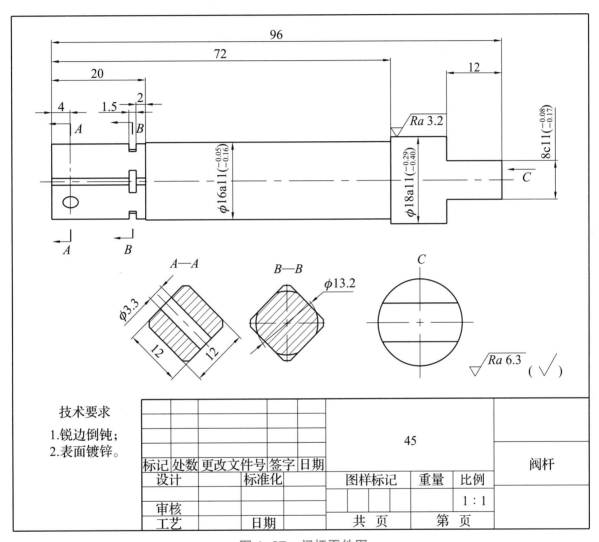

图 1-27　阀杆零件图

匠 心 学 堂

"分毫不差"航天之翼"精雕师"——数控达人曹彦生的航天报国情

一把心形鲁班锁，十二个零件、一百多个面，"天衣无缝"地组合在一起，间隙 0.005 mm，相当于头发丝的十六分之一，达到了目前数控加工的极限……这只是他无数个高精度加工作品的缩影。他就是航天科工二院 283 厂高级技工——曹彦生，如图 1-28 所示。

图 1-28　大国工匠曹彦生

听音辨形

他的数控加工技术达到"人机合一"，一年夏天，283 厂首次将五轴加工技术应用于零部件生产加工，他采用参数化建模，进行五轴加工程序编制，艰辛的付出也让曹彦生练就了一身不凡的本领。他能够听声音判断切削用量是否合理，能够看切屑判断刀具寿命，达到"人机合一"。

万无一失

他的加工误差小于一根头发丝的厚度。制造航天产品讲究的是"稳妥可靠，万无一失"。作为航天产品翅膀的雕刻师，可以将细长结构件平面度误差做到小于一根头发丝的厚度。他也是一位大师级的数控雕刻师，可以将航天产品翅膀分毫不差地加工出来。

甘为人梯

建设航天强国需要更多大国工匠。近年来，曹彦生有了新身份，作为北京市"金牌教练"，他指导的 4 名选手均在全国大赛名列前茅。与数控"牵手"十余年，曹彦生成了大家口中的"数控达人"。但他并不满足：不断面对挑战，继续攻坚克难，享受着解决问题的过程。"建设航天强国、科技强国，无疑需要更多像曹彦生这样拥有工匠精神的年轻人，扎根一线，为祖国事业而奋斗。"

项目二
形状和位置公差

📀 项目概述

　　零件在加工过程中，由于机床精度、加工方法等多种因素的影响，使零件的表面、轴线、中心对称平面等的实际形状和位置相对于所要求的理想形状和位置，不可避免地存在着误差。和尺寸误差一样，零件的形位误差的检测和评定是产品检验中一个非常重要的项目。零件的形位误差对产品的工作精度、运动件的平稳性、耐磨性、润滑性以及连接件的强度和密封都会造成很大的影响。通过本项目的学习，掌握形位公差的项目名称、符号和公差带的基本知识，掌握形位公差标注方法及常用的形位误差检测和评定方法。图2-1所示为项目二的思维导图。

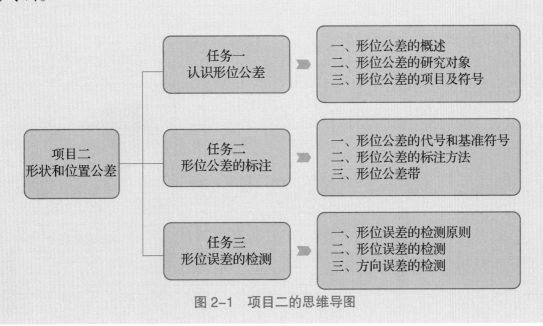

图 2-1　项目二的思维导图

任务一 认识形位公差

任务目标

（1）树立认真、踏实的工作态度，养成主动思考、敢于探究的职业习惯。

（2）掌握形位公差的项目名称及符号；能够正确分析零件图中的形位公差项目及符号含义。

（3）培养学生收集信息、识别信息及应用信息的能力。

任务导入

零件在加工过程中，形状和位置误差是不可避免的，如工件在机床上的定位误差、切削力、夹紧力等因素都会造成各种形位误差。图2-2所示为轴零件图。本任务要求学生学习知识链接的内容，掌握形位公差中几何要素的概念及分类、形位公差项目及符号等知识，对图中有形位公差的项目要求，在加工或维修零件时应对其含义进行识读，能分析图中形位公差项目及符号的含义。

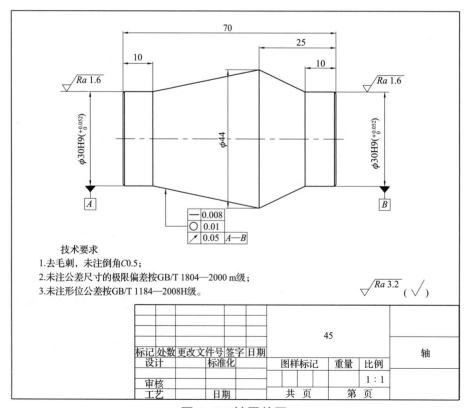

技术要求
1.去毛刺，未注倒角C0.5；
2.未注公差尺寸的极限偏差按GB/T 1804—2000 m级；
3.未注形位公差按GB/T 1184—2008 H级。

形位公差基本知识

图2-2　轴零件图

知识链接

一、形位误差的概述

在机械制造中，零件加工后其表面、轴线、中心对称平面等的实际形状、方向和位置相对于所要求的理想形状、方向和位置不可避免地存在误差。零件不仅会产生尺寸误差，还会产生形状和位置误差，即形位误差，如图 2-3 所示。

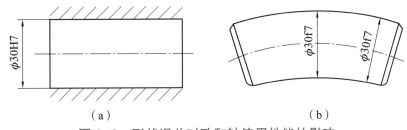

（a）   （b）

图 2-3　形状误差对孔和轴使用性能的影响

图 2-4（a）所示为阶梯轴，要求 $\phi10$ mm 表面为理想圆柱面，$\phi10$ mm 轴线应与 $\phi20$ mm 左端面相垂直。图 2-4（b）所示为加工后的实际零件，$\phi10$ mm 圆柱面的圆柱度（形状误差）不好；$\phi10$ mm 轴线与端面也不垂直（方向误差）；$\phi10$ mm 轴线与 $\phi20$ mm 轴线不同轴（方向误差），均为形位误差。

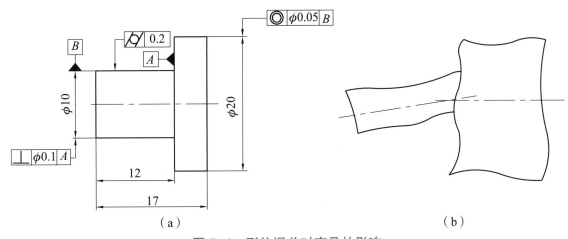

（a）   （b）

图 2-4　形位误差对产品的影响

二、形位公差的研究对象

1. 几何要素的概念

基本几何体均由点、线、面构成，这些点、线、面称为几何要素（简称要素）。如图 2-5 所示组成这个零件的几何要素有：点，如球心、锥顶；线，如圆柱素线、圆锥素线、轴线；面，如球面、圆柱面、圆锥面、端平面。

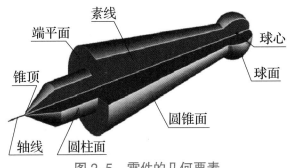

图 2-5　零件的几何要素

2. 零件几何要素的分类

1）按结构特征分类

（1）轮廓要素：指构成零件轮廓的点、线、面，如图 2-6 所示。

（2）中心要素：指轮廓要素对称中心所表示的点、线、面要素，如图 2-6 所示。

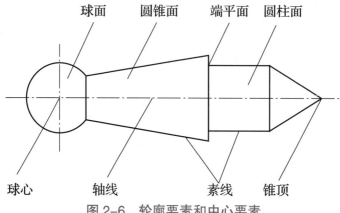

图 2-6 轮廓要素和中心要素

2）按存在状态分类

（1）理想要素：指具有几何意义的要素，即几何的点、线、面；绝对准确，不存在任何形位误差，用来表达设计的理想要求，如图 2-7 所示。

（2）实际要素：指加工完毕的零件上实际存在的有误差的要素。由于加工误差的存在，实际要素具有形位误差。标准规定：零件实际要素在测量时用测得要素来代替，如图 2-7 所示。

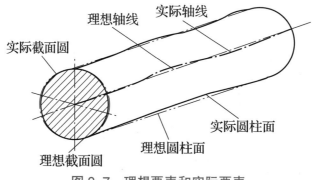

图 2-7 理想要素和实际要素

3）按检测关系分类

（1）被测要素。实际图样上给出了形状或（和）位置公差的要素，也就是需要研究确定其形状或（和）位置误差的要素，称为被测要素；如图 2-8 所示，ϕd_1 圆柱面给出了圆柱度要求，ϕd_2 圆柱的轴线对 ϕd_1 圆柱的轴线给出了同轴度要求，台阶面对 ϕd_1 圆柱的轴线给出了垂直度要求，因此，ϕd_1 圆柱面、ϕd_2 圆柱面的轴线和台阶面就是被测要素。

（2）基准要素。用来确定理想被测要素的方向或（和）位置的要素，称为基准要素。通常基准要素由设计者在图样上标注。如图 2-8 所示，ϕd_1 圆柱面的轴线是 ϕd_2 圆柱的轴线和台阶面的基准要素。

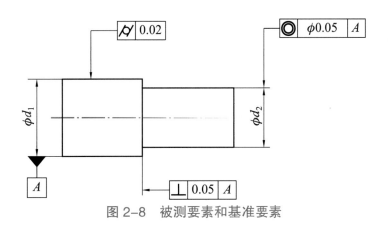

图 2-8 被测要素和基准要素

4）按功能关系分类

（1）单一要素。在设计图样上仅对其本身给出形状公差的要素，也就是只研究确定其形状误差的要素，称为单一要素。如图 2-9 所示，零件的外圆就是单一要素，只研究圆度误差。

（2）关联要素。对其他要素有功能关系的要素，或在设计图样上给出了位置公差的要素，也就是研究确定其位置误差的要素，称为关联要素。如图 2-9 所示，零件的右端面就可作为关联要素来研究其对左端面的平行度误差。

三、形位公差的项目及符号

图 2-9 单一要素和关联要素

为控制机器零件的形位误差，提高机器的精度和延长使用寿命，保证互换性生产，国家标准 GB/T 1182—2018《产品形位技术规范（GPS）形位公差、通则、定义、符号和图样表示法》规定了形位公差项目及其符号，如表 2-1 所示。

表 2-1 形位公差的特征项目及其符号

公差类型	特征项目	符　号	有无基准要求
形状公差	直线度	—	无
	平面度	▱	无
	圆度	○	无
	圆柱度	⌖	无
	线轮廓度	⌒	无
	面轮廓度	◠	无

续表

公差类型	特征项目	符 号	有无基准要求
方向公差	平行度	//	有
	垂直度	⊥	有
	倾斜度	∠	有
	线轮廓度	⌒	有
	面轮廓度	⌓	有
位置公差	位置度	⊕	有或无
	同心度（用于中心点）	◎	有
	同轴度（用于轴线）	◎	有
	对称度	=	有
	线轮廓度	⌒	有
	面轮廓度	⌓	有
跳动公差	圆跳动	/	有
	全跳动	//	有

巩固练习

（1）解释形位公差项目共有多少个，如何分类，各用什么符号表示。

（2）图 2-10 所示为零件常见的形位公差要求，结合所学，完成表 2-2 中的各项内容。

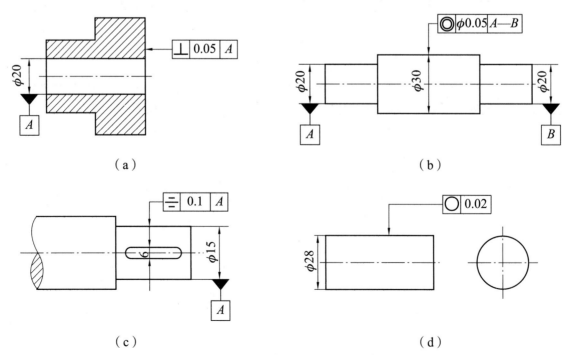

（a）   （b）

（c）   （d）

图 2-10　零件常见的形位公差要求

表 2-2　各形位公差的含义

图号	形位公差项目符号	形位公差项目名称	被测要素	基准要素	公差带形状及大小
2-10（a）					
2-10（b）					
2-10（c）					
2-10（d）					

注：表格中空白处由教师引导，学生自主完成。

任务二　形位公差的标注

任务目标

（1）树立认真、踏实的工作态度，养成主动思考、敢于探究的职业习惯。

（2）掌握形位公差代号和基准符号的标注方法，学会常见形位公差的标注方法。

（3）培养学生积极动手实践，具有独立解决问题的能力。

任务导入

形位公差的标注是图样中对几何要素的形状、位置提出精度要求时做出的标注，一旦有了这一标注，也就明确了被控制的对象（要素）是谁，允许它有何种误差，允许的变动量（即公差值）多大，范围在哪里，实际要素只要做到在这个范围之内就为合格。图 2-11 所示为轮毂零件图，按照下列要求进行正确标注：

（1）ϕ100h8 圆柱面对 ϕ40H7 孔轴线的径向圆跳动公差为 0.025 mm。

（2）ϕ40H7 孔圆柱度公差为 0.007 mm。

（3）左右两凸台端面对 ϕ40H7 孔轴线的圆跳动公差为 0.012 mm。

（4）轮毂键槽（中心面）对 ϕ40H7 孔轴线的对称度公差为 0.02 mm。

（5）左端面的平面度公差为 0.012 mm。

（6）右端面对左端面的平行度公差为 0.03 mm。

本任务要求学生学习知识链接的内容，了解形位公差框格和基准符号，掌握形位公差的标注方法、注意事项及形位公差的公差等级和公差值等内容，对图中有形位公差的零件表面进行正确标注。

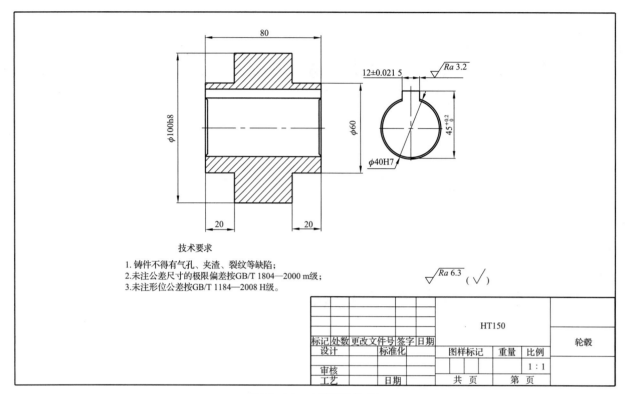

图 2-11　轮毂零件图

知识链接

　　按形位公差国家标准的规定，在图样上标注形位公差时，一般采用代号标注。无法采用代号标注时，允许在技术条件中用文字加以说明。形位公差项目的符号、框格、指引线、公差值、基准符号以及其他有关符号构成了形位公差的代号。

一、形位公差的代号和基准符号

1. 形位公差的代号

　　（1）形位公差框格由 2~5 格组成。形状公差框格一般为 2 格，方向、位置、跳动公差框格为 2~5 格，其示例如图 2-12 所示。第 1 格填写形位公差特征项目符号；第 2 格填写公差值和有关符号；第 3、4、5 格填写代表基准的字母和有关符号。

　　（2）公差框格中填写的公差值必须以 mm 为单位，当公差带形状为圆、圆柱和球形时，应分别在公差值前面加注"ϕ"和"$S\phi$"。

　　（3）标注时，指引线可由公差框格的一端引出，并与框格端线垂直，为了制图方便，也允许自框格的侧边

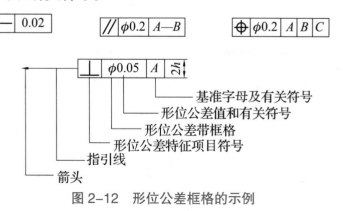

图 2-12　形位公差框格的示例

引出，如图 2-13 所示。指引线箭头指向被测要素，箭头的方向是公差带宽度方向或直径方向，如图 2-14 所示。指引线可以曲折，但一般不超过两次。

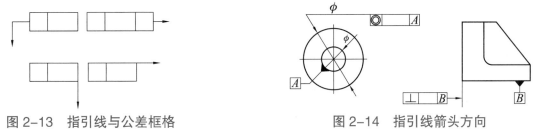

图 2-13　指引线与公差框格　　　　　　图 2-14　指引线箭头方向

2. 基准符号

基准符号与基准代号如图 2-15 所示。基准代号的字母采用大写拉丁字母，为避免混淆，标准规定不采用 E、I、J、M、O、P、L、R、F 等字母。无论基准符号在图样上的方向如何，方框与字母都要水平书写。方框为 ISO 1101—2012 标准中的基准代号。

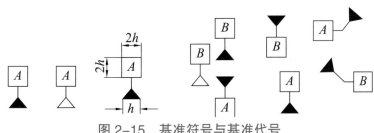

图 2-15　基准符号与基准代号

基准的顺序在公差框格中是固定的，第 3 格填写第一基准代号，之后依次填写第二、第三基准代号。当两个要素组成公共基准时，用横线隔开两个大写字母，并将其标在第 3 格内。

二、形位公差的标注方法

1. 被测要素的标注

1）被测要素为轮廓线或轮廓面时指引线的画法

当被测要素为轮廓线或轮廓面时，指引线的箭头直接指向该要素的轮廓线或其延长线上，且与尺寸线明显错开，如图 2-16 所示。

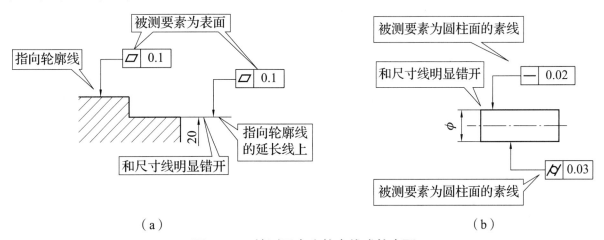

（a）　　　　　　　　　　　　　　　　（b）

图 2-16　被测要素为轮廓线或轮廓面

2）被测要素为中心线或中心平面时指引线的画法

当被测要素为中心线或中心平面时，指引线的箭头应与相应轮廓的尺寸线对齐，如图 2-17 所示。

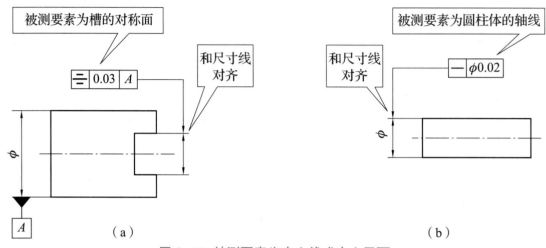

图 2-17　被测要素为中心线或中心平面

2. 基准要素的标注

（1）基准为轮廓线或轮廓面时基准符号的位置。

当基准为轮廓线或轮廓面时，基准符号的三角形应标注在基准要素的轮廓线或其延长线上，且与尺寸线明显错开，如图 2-18 所示。

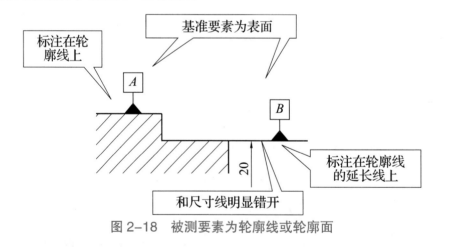

图 2-18　被测要素为轮廓线或轮廓面

（2）基准为中心线或中心平面时基准符号的位置。

当基准为中心线或中心平面时，基准符号的三角形应与相应轮廓的尺寸线对齐。如果没有足够的位置标注基准要素尺寸的两个箭头时，其中一个箭头可以用基准三角形替代，如图 2-19 所示。

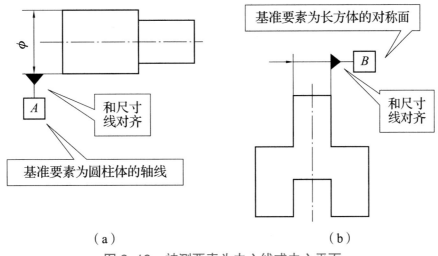

（a）　　　　　　　　　　　　（b）

图 2-19　被测要素为中心线或中心平面

（3）若基准要素或被测要素为视图上的局部表面时，可将基准符号（公差框格）标注在带圆点的指引线上，圆点标于基准面（被测面）上，如图 2-20 所示。

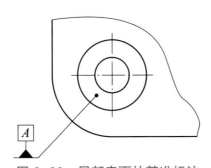

图 2-20　局部表面的基准标注

3. 形位公差标注的简化

在不影响读图或引起误解的前提下，可采用简化标注方法：

（1）当同一要素有多个公差要求时，只要被测部位和标注表达方法相同，可将框格重叠，并共用一根指引线，如图 2-21 所示。

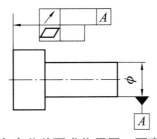

图 2-21　多个公差要求作用同一要素的简化标注

（2）一个公差框格可以用于具有相同几何特征和公差值的若干个分离要素，如图 2-22（a）所示。

（3）当结构尺寸相同的几个要素有相同的形位公差要求时，可只对其中的一个要素标注，并在框格上方标明，如 8 个要素，则注明"8"或"8 槽"等，如图 2-22（b）所示。

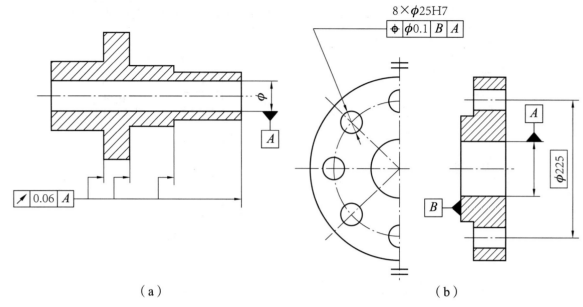

（a）　　　　　　　　　　　　　　（b）

图2-22　相同要素同一公差要求的简化标注

4. 特殊标注

（1）当形位公差特征项目，如线（面）轮廓度的被测要素适用于横截面内的整个外轮廓线（面）时，应采用全周符号，如图2-23所示。

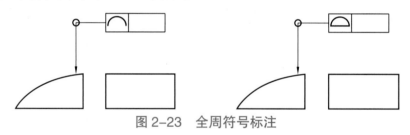

图2-23　全周符号标注

（2）以螺纹轴线为被测要素或基准要素时，默认为螺纹中径圆柱的轴线，否则应另有说明，如用"MD"表示大径，用"LD"表示小径，分别如图2-24和图2-25所示。

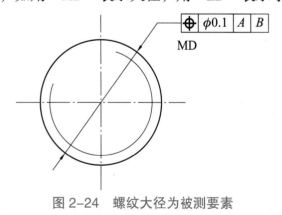

图2-24　螺纹大径为被测要素

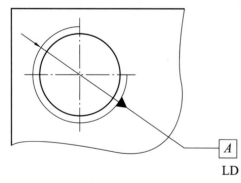

图2-25　螺纹小径为基准要素

（3）如果对被测要素任一局部范围内提出进一步限制的公差要求，则应将该局部范围的尺寸（长度、边长或直径）标注在形位公差值的后面，用斜线相隔，如图2-26（a）所示。

（4）如果仅对要素的某一部分提出公差要求，则用粗点画线表示其范围，并加注尺寸，如图2-26（b）所示。同理，如果要求要素的某一部分作为基准，该部分也应用粗点画线表示，并加注尺寸。

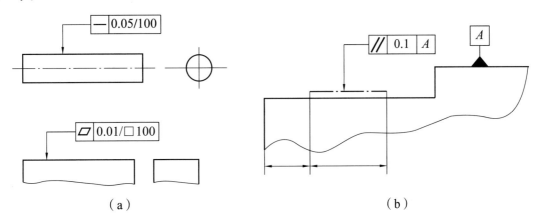

图 2-26 局部范围内的公差要求标注
（a）任一局部范围内的公差要求标注；（b）限定局部范围内的公差要求标注

三、形位公差带

1. 形位公差带的概念

加工后的零件，构成其形状的各实际要素的形状和位置在空间的各个方向都可能产生误差，为了限制这两种误差，可以根据零件的功能要求，对实际要素给出一个允许变动的区域。若实际要素位于这一区域内即为合格，超出这一区域则不合格，这个限制实际要素变动的区域称为形位公差带。

图样上给出的形位公差要求，实际上都是对实际要素规定的一个允许变动的区域，即给定一个公差带。一个确定的形位公差带是由形状、大小、方向和位置四个要素确定的。

1）形状

形位公差带的形状随实际被测要素的结构特征、所处的空间以及要求控制方向的差异而有所不同。形位公差带的形状有 9 种，如图 2-27 所示。

2）大小

形位公差带的大小有两种情况，即公差带区域的宽度（距离）t 或直径 ϕt（$S\phi t$），它表示形位精度要求的高低。

3）方向

形位公差带的方向理论上应与图样上形位公差框格指引线箭头所指的方向垂直。

4）位置

形位公差带的位置分为浮动和固定。形状公差带只具有大小和形状，而其方向和位置是浮动的；方向公差带只具有大小、形状和方向，而其位置是浮动的；位置和跳动公差带则除了具有大小、形状、方向外，其位置是固定的。

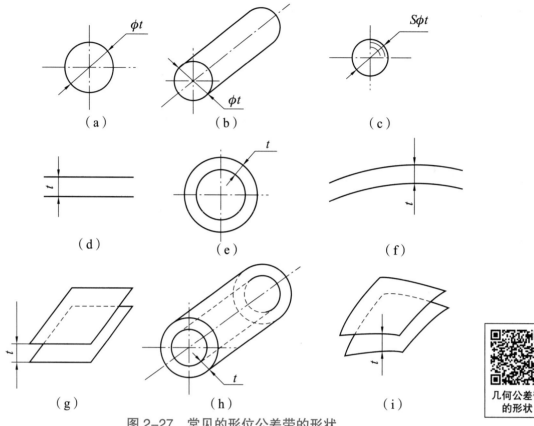

图 2-27　常见的形位公差带的形状

2. 形状公差与形状公差带

1) 形状公差

形状误差是指单一被测实际要素对其理想要素的变动量。形状公差是指单一实际要素的形状相对其理想要素的最大变动量。形状公差是为了限制误差而设置的，它等于限制误差的最大值。国标规定的形状公差项目有直线度公差、平面度公差、圆度公差、圆柱度公差、线轮廓度公差、面轮廓度公差六项，其中，线轮廓度公差和面轮廓度公差分有无基准两种情况，或属于形状或位置，或属于跳动公差。

（1）直线度公差。

直线度公差是指被测实际直线对其理想直线的允许变动量，用来控制平面内的直线、圆柱体的素线、轴线的形状误差，包括给定平面内、给定方向上和任意方向的直线度。

（2）平面度公差。

平面度公差是被测实际要素对理想平面的允许变动全量，用来控制被测实际平面的形状误差。平面度公差带是距离为公差值 t 的两平行平面间的区域。

（3）圆度公差。

圆度公差是被测实际要素对理想圆的允许变动全量，用来控制回转体表面（如圆柱面、圆锥面、球面等）正截面轮廓的形状误差。圆度公差带是在同一正截面上半径差为公差值 t 的两同心圆间的区域。

（4）圆柱度公差。

圆柱度公差是被测实际要素对理想圆柱所允许的变动全量，用来控制被测实际圆柱面的形状误差。圆柱度公差带是半径差为公差值 t 的两同轴圆柱面间的区域。

（5）线轮廓度公差。

线轮廓度公差是指被测实际轮廓线相对于理想轮廓线所允许的变动量，用来控制平面曲线或曲面的截面轮廓的形位误差，包括形状公差的线轮廓度、方向公差的线轮廓度和位置公差的线轮廓度。

当线轮廓度公差未标注基准时，属于形状公差。此时公差带是包络一系列直径为公差值 ϕt 的圆的两包络线之间的区域，各圆的圆心位于具有理论正确几何形状的线上。

（6）面轮廓度公差。

面轮廓度公差是指被测实际轮廓面相对于理想轮廓面所允许的变动量，用来控制空间曲面的形状误差。面轮廓度包括形状公差的面轮廓度、方向公差的面轮廓度和位置公差的面轮廓度。面轮廓度是一项综合公差，既控制面轮廓度误差，又可控制曲面上任一截面轮廓的线轮廓度误差。

2）形状公差带

形状公差带是限制被测实际要素变动的区域，该区域大小是由形位公差值确定的。只要被测实际要素被包含在公差带内，表明被测要素合格；反之，被测要素不合格。

形状公差带的应用和识读如表 2-3 所示。

表 2-3　形状公差的应用和识读

公差	示例	识读	公差带
直线度公差	**棱线直线度** 在任一平行于图示投影面的平面内，上平面的被测提取直线应限定在间距等于 0.1 mm 的两平行直线之间。 □ — 0.1	在垂直方向上棱线的直线度公差为 0.1 mm	在给定平面内的直线度公差带为间距等于公差值 t 的两平行直线所限定的区域。 任一距离
	圆柱轴线的直线度 外圆柱面的被测提取中心线应限定在直径等于 $\phi0.08$ mm 的圆柱面内。 □ — $\phi0.08$	外圆柱面轴线的直线度公差为 $\phi0.08$ mm	在任意方向上直线度公差带为直径等于公差值 ϕt 的圆柱面所限定的区域。 ϕt

续表

公差	示例	识读	公差带
直线度公差	圆柱面素线的直线度 被测圆柱面的任一素线必须位于距离为公差值 0.02 mm 的两平行平面之间。 — 0.02	外圆柱面素线的直线度公差为 0.02 mm	给定方向上的直线度。公差带是指距离为公差值 t 的两平行平面之间的区域。
平面度公差	零件的上表面必须位于距离为公差值 0.08 mm 的两平行平面之间。 ▱ 0.08	上表面的平面度公差为 0.08 mm	给定平面内的平面度。公差带是距离为公差值 t 的两平行平面之间的区域。
圆度公差	在圆柱面和圆锥面的任意截面内，提取被测圆周应限定在半径差等于 0.03 mm 的两共面同心圆之间。 ○ 0.03	圆锥面和圆柱面的圆度公差为 0.03 mm	公差带为在给定横截面内，半径差等于公差值 t 的两同心圆所限定的区域。 任一横截面
圆柱度公差	被测提取圆柱面应限定在半径差等于 0.1 mm 的两同轴圆柱面之间。 ⌯ 0.1	圆柱面的圆柱度公差为 0.1 mm	公差带为半径差等于公差值 t 的两同轴圆柱面所限定的区域。

续表

公差	示例	识读	公差带
线轮廓度公差	在任一平行于图示投影面的截面内，被测提取轮廓线应限定在直径等于$\phi 0.04$ mm，圆心位于提取组成要素理论正确几何形状上的一系列圆的两等距包络线之间。 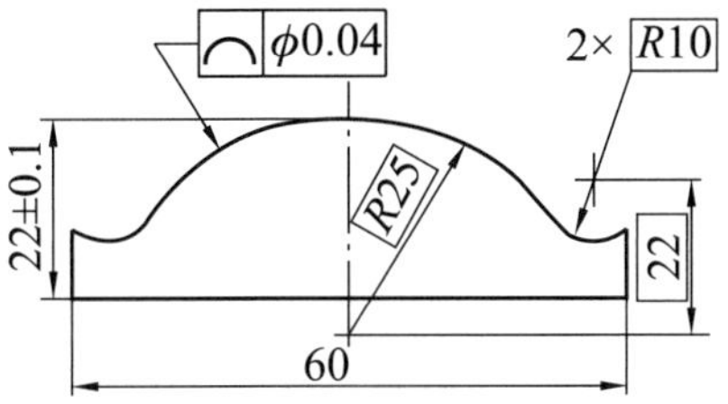 $\boxed{\frown\ \phi 0.04}$　$2\times\boxed{R10}$　22 ± 0.1　$R25$　22　60	外形轮廓的线轮廓度公差为$\phi 0.04$ mm	无基准的线轮廓度公差带为直径等于公差值ϕt，圆心位于具有理论正确几何形状上的一系列圆的两包络线所限定的区域。 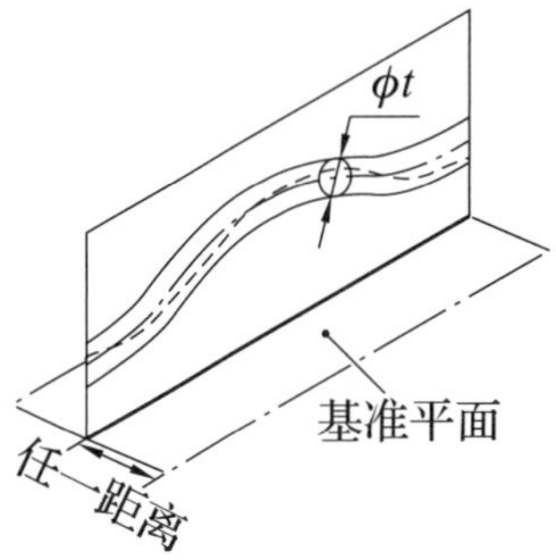 ϕt　基准平面　任一距离
	当线轮廓度公差注出方向参考基准时，属于方向公差。实际轮廓线必须位于包络一系列直径为公差值$\phi 0.04$ mm，圆心位于由基准确定的理论正确几何形状上的圆的两包络线之间。 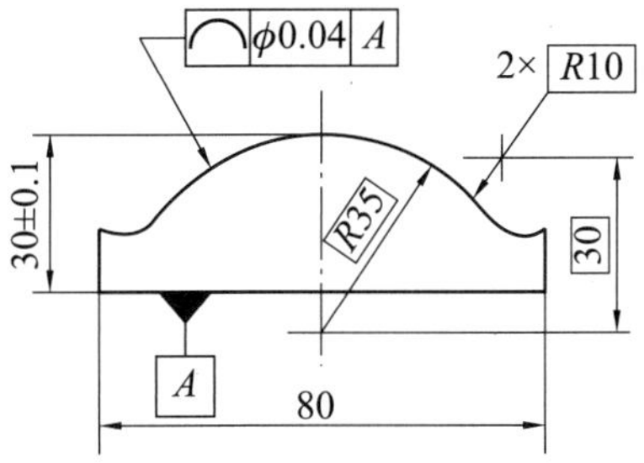 $\boxed{\frown\ \phi 0.04\ A}$　$2\times\boxed{R10}$　30 ± 0.1　$R35$　30　$\boxed{A}$　80	外形轮廓对基准A的线轮廓度公差为$\phi 0.04$ mm	包络一系列直径为公差值ϕt的圆的两包络线之间的区域，诸圆圆心应位于由基准平面确定的被测要素理论正确几何形状上。 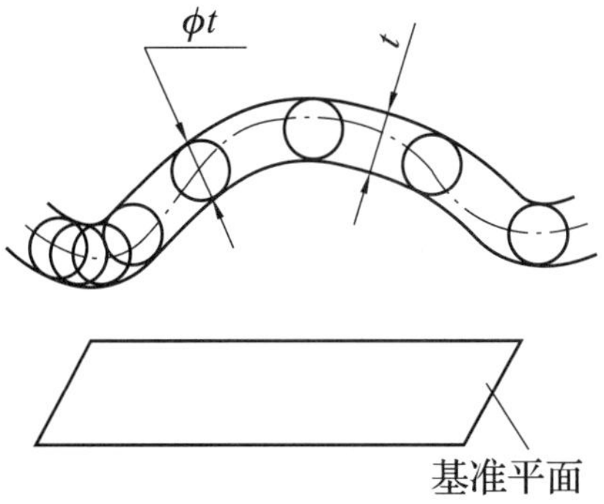 ϕt　t　基准平面
面轮廓度公差	实际轮廓面必须位于包络一系列直径为公差值$\phi 0.02$ mm，球心位于理论正确几何形状上的球的两包络面之间。 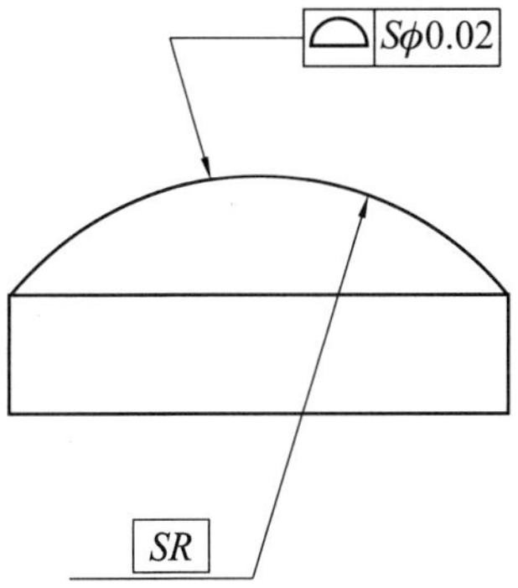 $\boxed{\frown\ S\phi 0.02}$　$\boxed{SR}$	上轮廓的面轮廓度公差为$S\phi 0.02$ mm	此时公差带是包络一系列直径为公差值$S\phi t$的球的两包络面之间的区域，各球的球心位于具有理论正确几何形状的面上。 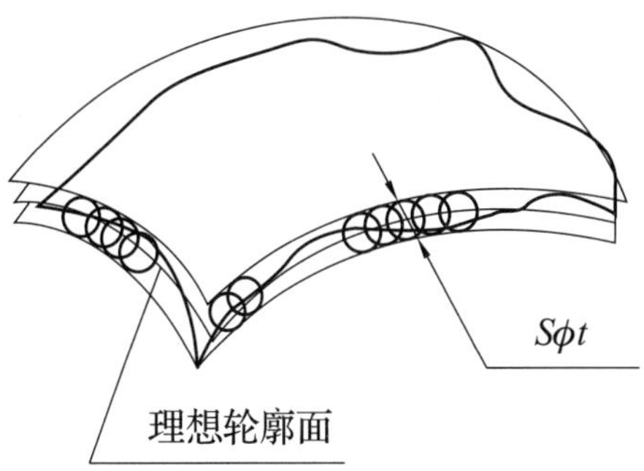 $S\phi t$　理想轮廓面

续表

公差	示例	识读	公差带
面轮廓度公差	当面轮廓度公差注出方向参考基准时，属于方向公差。被测提取轮廓面应限定在直径等于 $S\phi0.1$ mm，球心位于由基准平面 A 确定的提取组成要素理论正确几何形状上的一系列圆球的两等距包络面之间。 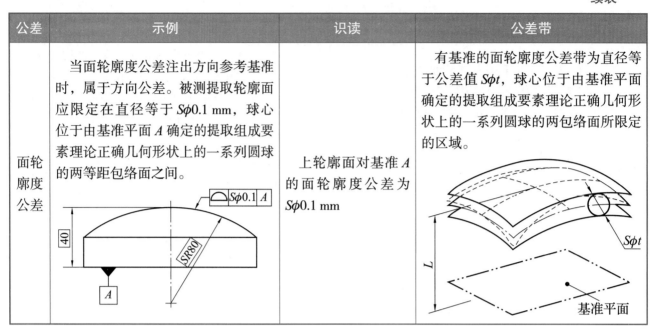	上轮廓面对基准 A 的面轮廓度公差为 $S\phi0.1$ mm	有基准的面轮廓度公差带为直径等于公差值 $S\phi t$，球心位于由基准平面确定的提取组成要素理论正确几何形状上的一系列圆球的两包络面所限定的区域。

3. 方向公差与公差带

方向公差是关联实际（组成）要素对基准要素在方向上允许的变动全量，用于控制定向误差，以保证被测提取要素相对于基准要素的方向精度，包括平行度公差、垂直度公差和倾斜度公差。当要求被测提取要素对基准要素为 0°（要求提取要素对基准等距）时，方向公差为平行度；当要求被测提取要素对基准要素成 90° 时，方向公差为垂直度；当要求被测提取要素对基准要素成其他任意角度时，方向公差为倾斜度。

1）平行度公差

平行度公差是指关联实际被测要素相对于基准在平行方向上所允许的变动量，用来控制线或面的平行度误差。平行度公差带包括面对面、线对线、面对线、线对面的平行度。

2）垂直度公差

垂直度公差是指关联实际被测要素相对于基准在垂直方向上所允许的变动量，用来控制线或面的垂直度误差。垂直度公差带包括面对面、线对线、面对线、线对面的垂直度。

3）倾斜度公差

倾斜度公差是指关联实际被测要素相对于基准在倾斜方向上所允许的变动量。与平行度公差和垂直度公差同理，倾斜度公差用来控制线或面的倾斜度误差，只是将理论正确角度从 0°或 90° 变为任意角度。图样标注时，应将角度值用理论正确角度标出。倾斜度公差包括面对面、面对线、线对线、线对面的倾斜度。

4）线轮廓度公差（方向公差）

当线轮廓度公差注出方向参考基准时，属于方向公差。

5）面轮廓度公差（方向公差）

当面轮廓度公差注出方向参考基准时，属于方向公差。

6）方向公差应用说明

（1）方向公差用来控制被测要素相对于基准的方向误差。

（2）方向公差带具有综合控制方向误差和形状误差的能力。因此，在保证功能要求的前提下，对同一被测要素给出方向公差后，不须再给出形状公差。如果需要对形状精度提出进一步要求，可同时给出，但形状公差值必须小于方向公差值。

位置公差动
画讲解

方向公差带的应用和识读如表 2-4 所示。

表 2-4　方向公差带的应用和识读

公差	示例	识读	公差带
平行度公差	面对面的平行度 实际平面必须位于间距为公差值0.05 mm、且平行于基准平面 A 的两平行平面间的区域。 //　0.05　A　A	上平面对底面 A 的平行度公差为 0.05 mm	面对面（一个方向）的平行度公差带是指距离为公差值 t、且平行于基准平面的两平行平面间的区域。 基准平面
	面对线的平行度 实际被测轴线必须位于距离为公差值 0.1 mm、且平行于基准轴线 C 的两平行平面之间的区域。 //　0.1　C　C	上平面对基准轴线 C 的平行度公差为0.1 mm	面对线的平行度公差带是指距离为公差值 t、且平行于基准轴线的两平行平面之间的区域。 基准轴线
	线对面的平行度 实际被测轴线必须位于距离为公差值 0.05 mm、且平行于基准平面 A 的两平行平面之间的区域。 //　0.05　A　A	孔的轴线对底面 A 平行度公差为 0.05 mm	线对面的平行度公差带是指距离为公差值 t、且平行于基准平面的两平行平面之间的区域。 基准平面

续表

公差	示例	识读	公差带
平行度公差	线对线（一个方向）的平行度 实际被测轴线必须位于距离为公差值 0.2 mm、且平行于基准轴线 A 的两平行平面之间的区域。 // | 0.2 | A ϕD	孔的轴线对基准轴线 A 的平行度公差为 0.2 mm	线对线（一个方向）的平行度公差带是指距离为公差值 t、且平行于基准轴线的两平行平面之间的区域。 基准轴线
平行度公差	线对线（任意方向）的平行度 实际被测轴线必须位于直径为公差值 $\phi 0.03$ mm、且轴线平行于基准轴线 A 的圆柱面内。 // | $\phi 0.03$ | A A	上面小孔的轴线对基准轴线 A 的平行度公差为 $\phi 0.03$ mm	线对线（任意方向）的平行度公差带是指直径为 ϕt、且轴线平行于基准轴线的圆柱面内。 ϕt 基准轴线
垂直度公差	线对线的垂直度 被测轴线必须位于距离为公差值 0.06 mm 且垂直于基准轴线 A 的两平行平面之间。 ϕd_1 | $\perp$ | 0.06 | A ϕd A	被测孔轴线对基准孔轴线 A 的垂直度公差为 0.06 mm	公差带为距离等于公差值 t、且垂直于基准轴线的两平行平面所限定的区域。 t 基准轴线

公差	示例	识读	公差带
垂直度公差	线对基准体系的垂直度 　圆柱面的被测提取中心线应限定在间距等于 0.1 mm 的两平行平面之间。该两平行平面垂直于基准平面 A，且平行于基准平面 B。	圆柱的轴线对基准平面 A、B 的垂直度公差为 0.1 mm	线对基准体系的垂直度公差带为间距等于公差值 t 的两平行平面所限定的区域。该两平行平面垂直于基准平面 A，且平行于基准平面 B。
	线对基准面的垂直度 　圆柱面的被测提取中心线应限定在直径等于 $\phi0.01$ mm，轴线垂直于基准平面 A 的圆柱面内。	圆柱的轴线对底面 A 的垂直度公差为 $\phi0.01$ mm	线对基准面的垂直度公差带为直径等于公差值 ϕt，轴线垂直于基准平面的圆柱面所限定的区域。
	面对面的垂直度 　实际平面必须位于距离为公差值 0.08 mm、且垂直于基准平面 A 的两平行平面之间的区域。	左侧面对底面 A 的垂直度公差为 0.08 mm	公差带为距离为公差值 t、且垂直于基准平面的两平行平面间的区域。

续表

公差	示例	识读	公差带
垂直度公差	面对线的垂直度 提取（实际）表面应限定在间距等于 0.08 mm 的两平行平面之间。该两平行平面垂直于基准轴线 A。 A　$\perp\ 0.08\ A$　ϕd_1　ϕd	圆柱体右端面对基准轴线 A 的垂直度公差为 0.08 mm	公差带为间距等于公差值 t、且垂直于基准轴线的两平行平面所限定的区域。 基准轴线
倾斜度公差	线对线的倾斜度 被测提取中心线应限定在间距等于 0.08 mm 的两平行平面之间。该两平行平面按理论正确角度 60° 倾斜于公共基准轴线 A—B。 $\angle\ 0.08\ A—B$　A　B　$60°$　ϕ	孔的轴线对公共基准轴线 A—B 的倾斜度公差为 0.08 mm	线对基准线的倾斜度公差带为间距等于公差值 t 的两平行平面所限定的区域。该两平行平面按给定角度 α 倾斜于基准轴线。 α　基准轴线　t

续表

公差	示例	识读	公差带
倾斜度公差	面对面的倾斜度 实际平面必须位于距离为公差值0.08 mm且与基准平面 A 夹角为理论正确角度45°的两平行平面之间的区域。 ⧸ 0.08 A 45° A	斜面对基准平面 A 的倾斜度公差为0.08 mm	面对面的倾斜度公差带为距离为公差值 t、且与基准面夹角为理论正确角度 α 的两平行平面之间的区域。 t α 基准平面
	面对线的倾斜度 实际平面必须位于距离为公差值0.05 mm、且与基准轴线 A 夹角为理论正确角度60°的两平行平面之间的区域。 ⧸ 0.05 A 60° ϕ A	斜面对基准轴线 A 的倾斜度公差为0.05 mm	公差带为距离为公差值 t、且与基准轴线夹角为理论正确角度 α 的两平行平面之间的区域。 α 基准轴线 t

4. 位置公差与公差带

位置公差是关联实际（组成）要素对基准要素在位置上允许的变动全量。位置公差项目有位置度公差、同心度公差、同轴度公差、对称度公差、线轮廓度公差和面轮廓度公差。当被测提取要素和基准要素都是导出要素，要求重合或共面时，可用同轴度或对称度。

1）位置度公差

位置度公差用于控制被测点、线、面的实际位置相对于其理想位置的位置度误差。理想要素的位置由基准及理论正确尺寸确定。

2）同心度公差

同心度（用于中心点）公差是指关联实际被测中心点相对于基准中心点所允许的变动量。

3）同轴度公差

同轴度（用于轴线）公差是指关联实际被测轴线相对于基准轴线所允许的变动量。同轴度公差用来控制轴线或中心点的同轴度误差。

4）对称度公差

对称度公差是指关联被测实际要素的对称中心平面（中心线）相对于基准对称中心平面（中心线）所允许的变动量。对称度公差用来控制对称中心平面（中心线）的对称度误差。

5）线轮廓度公差（有基准）

理想轮廓线的形状、方向、位置由理论正确尺寸和基准确定，详见表2-5中有基准的线轮廓度公差。

6）面轮廓度公差（有基准）

理想轮廓面的形状、方向、位置由理论正确尺寸和基准确定，详见表2-5中有基准的面轮廓度公差。

位置公差带的应用和识读如表2-5所示。

表2-5　位置公差带的应用和识读

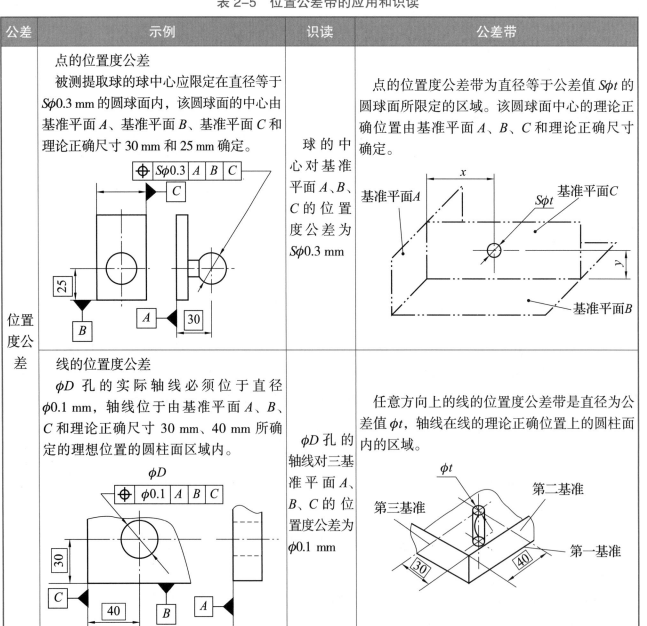

公差	示例	识读	公差带
位置度公差	点的位置度公差 被测提取球的球中心应限定在直径等于$S\phi0.3$ mm 的圆球面内，该圆球面的中心由基准平面 A、基准平面 B、基准平面 C 和理论正确尺寸 30 mm 和 25 mm 确定。	球的中心对基准平面 A、B、C 的位置度公差为 $S\phi0.3$ mm	点的位置度公差带为直径等于公差值 $S\phi t$ 的圆球面所限定的区域。该圆球面中心的理论正确位置由基准平面 A、B、C 和理论正确尺寸确定。
	线的位置度公差 ϕD 孔的实际轴线必须位于直径 $\phi0.1$ mm，轴线位于由基准平面 A、B、C 和理论正确尺寸 30 mm、40 mm 所确定的理想位置的圆柱面区域内。	ϕD 孔的轴线对三基准平面 A、B、C 的位置度公差为 $\phi0.1$ mm	任意方向上的线的位置度公差带是直径为公差值 ϕt，轴线在线的理论正确位置上的圆柱面内的区域。

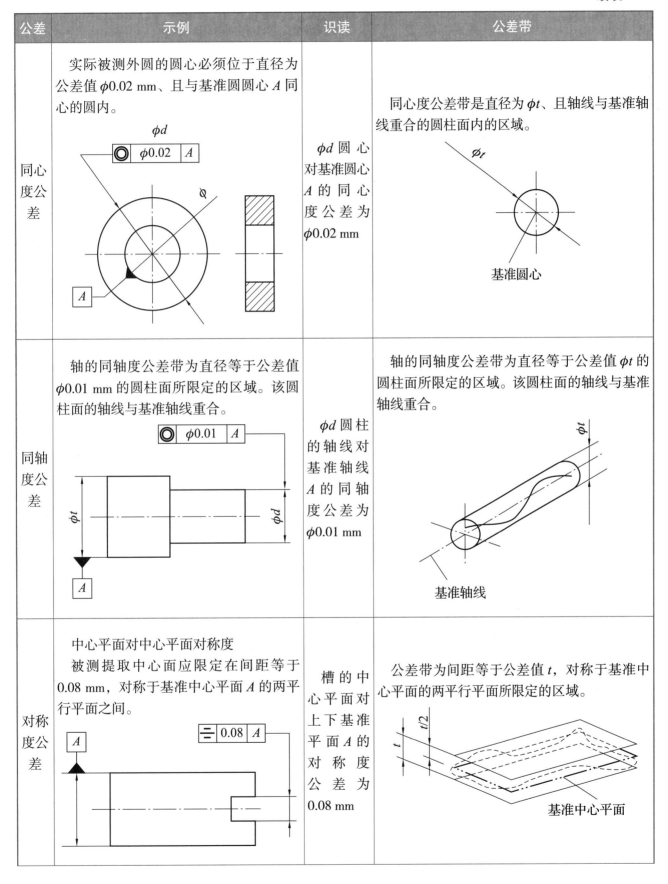

公差	示例	识读	公差带
同心度公差	实际被测外圆的圆心必须位于直径为公差值 $\phi0.02$ mm、且与基准圆圆心 A 同心的圆内。	ϕd 圆心对基准圆心 A 的同心度公差为 $\phi0.02$ mm	同心度公差带是直径为 ϕt、且轴线与基准轴线重合的圆柱面内的区域。
同轴度公差	轴的同轴度公差带为直径等于公差值 $\phi0.01$ mm 的圆柱面所限定的区域。该圆柱面的轴线与基准轴线重合。	ϕd 圆柱的轴线对基准轴线 A 的同轴度公差为 $\phi0.01$ mm	轴的同轴度公差带为直径等于公差值 ϕt 的圆柱面所限定的区域。该圆柱面的轴线与基准轴线重合。
对称度公差	中心平面对中心平面对称度 被测提取中心面应限定在间距等于 0.08 mm，对称于基准中心平面 A 的两平行平面之间。	槽的中心平面对上下基准平面 A 的对称度公差为 0.08 mm	公差带为间距等于公差值 t，对称于基准中心平面的两平行平面所限定的区域。

续表

公差	示例	识读	公差带
对称度公差	中心平面对轴线对称度 键槽中心平面必须位于距离为公差值0.05 mm的两平行平面之间的区域内，而且该平面对称配置在通过基准轴线的辅助平面两侧。 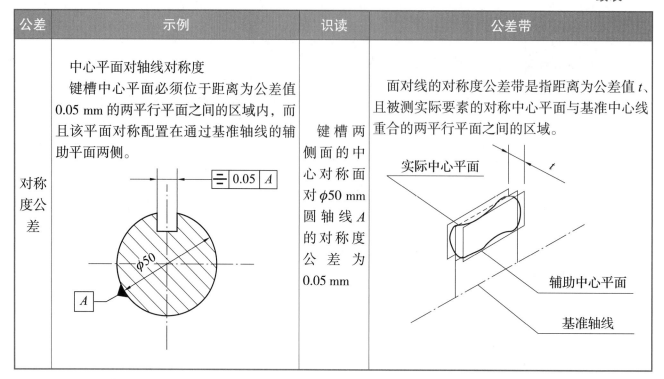	键槽两侧面的中心对称面对$\phi50$ mm圆轴线A的对称度公差为0.05 mm	面对线的对称度公差带是指距离为公差值t、且被测实际要素的对称中心平面与基准中心线重合的两平行平面之间的区域。

5. 跳动公差

跳动公差为关联实际被测要素绕基准轴线回转一周或连续回转时所允许的最大变动量。它可用来综合控制被测要素的形状误差和位置误差。跳动公差是针对特定的测量方式而规定的公差项目。跳动误差就是指示表指针在给定方向上指示的最大与最小读数之差。跳动公差有圆跳动公差和全跳动公差。

1）圆跳动公差

圆跳动公差是指关联实际被测要素相对于理想圆所允许的变动全量，其理想圆的圆心在基准轴线上。测量时实际被测要素绕基准轴线回转一周，指示表测头无轴向移动。根据允许变动的方向，圆跳动公差可分为径向圆跳动公差、端面圆跳动公差和斜向圆跳动公差三种。

2）全跳动公差

全跳动公差是指关联实际被测要素相对于理想回转面所允许的变动全量。当理想回转面是以基准轴线为轴线的圆柱面时，称为径向全跳动；当理想回转面是与基准轴线垂直的平面时，称为端面全跳动。

跳动公差带的应用和识读如表 2-6 所示。

圆跳动和全跳动基本知识及检测

表 2-6 跳动公差带的应用和识读

公差	示例	识读	公差带
圆跳动公差	**径向圆跳动公差** 在任一垂直于基准轴线 A 的截面内，被测提取圆应限定在半径差等于 0.8 mm，圆心在基准轴线 A 上的两同心圆之间。	圆柱面对基准轴线 A 的径向圆跳动公差为 0.8 mm	径向圆跳动公差带为任一垂直于基准轴线的横截面内，半径差等于公差值 t，圆心在基准轴线上的两同心圆所限定的区域。
	端面圆跳动公差 在与基准轴线 D 同轴的任一圆形截面上，被测提取圆应限定在轴向距离等于 0.1 mm 的两个等圆之间。	右端面对基准轴线 D 的端面圆跳动公差为 0.1 mm	端面圆跳动公差带为与基准轴线同轴的任一半径的圆柱截面上，间距等于公差值 t 的两圆所限定的圆柱面区域。
	斜向圆跳动公差 在与基准轴线 C 同轴的任一圆锥截面上，被测提取线应限定在素线方向间距等于 0.1 mm 的两个不等圆之间。	圆锥面对基准轴线 C 的斜向圆跳动公差为 0.1 mm	斜向圆跳动公差带为与基准轴线同轴的某一圆锥截面上，间距等于公差值 t 的两圆所限定的圆锥面区域。

续表

公差	示例	识读	公差带
全跳动公差	径向全跳动公差 被测提取表面应限定在半径差等于 0.1 mm，与公共基准轴线 A—B 同轴的两圆柱面之间。 〔符号〕 0.1 | A—B 〔图：A、B 基准〕	圆柱轴线对公共基准轴线 A—B 的径向全跳动公差为 0.1 mm	径向全跳动公差带为半径等于公差值 t，与基准轴线同轴的两圆柱面所限定的区域。 〔图：基准轴线、t〕
	端面全跳动公差 被测提取表面应限定在间距等于 0.1 mm，垂直于基准轴线 D 的两平行平面之间。 〔符号〕 0.1 | D 〔图：φd，D 基准〕	左端面对基准轴线 D 的端面全跳动公差为 0.1 mm	端面全跳动公差带为间距等于公差值 t，垂直于基准轴线的两平行平面所限定的区域。 〔图：基准轴线、提取(实际)表面、φd〕

巩固练习

（1）试分别解释如图 2-28 所示曲轴零件的形位公差标注的含义。

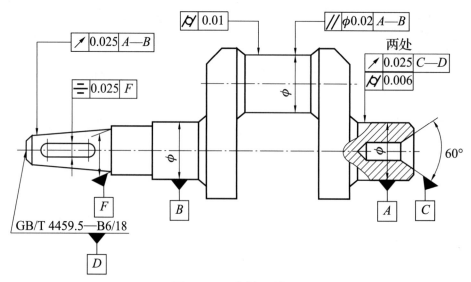

图 2-28　曲轴零件图

（2）按下列设计要求将尺寸公差和形位公差用代号或符号标注在图 2-29 上。

①总长度 200 mm 的最大极限尺寸为 200.05 mm，最小极限尺寸为 199.95 mm。

②ϕ40g7 圆柱的轴线对 ϕ40d8 圆柱的轴线的同轴度公差为 ϕ0.05 mm，且如有同轴度误差，则只允许从右向左逐渐减小。

③ϕ60h8 圆柱面的圆度公差为 0.03 mm；ϕ60h8 圆柱面对 ϕ40d8 圆柱面的轴线的径向圆跳动公差为 0.06 mm。

④键槽两工作平面的中心平面对通过 ϕ40d8 轴线的中心平面的对称度公差为 0.05 mm。

⑤零件的左端面对 ϕ40g7 圆柱轴线的垂直度公差为 0.05 mm，如有垂直度误差，则只允许中间向材料内凹下。

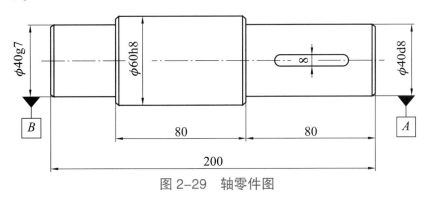

图 2-29　轴零件图

任务三　形位误差的检测

任务目标

（1）树立规范操作的意识，锻炼团队协作解决问题的能力。

（2）掌握形位误差的检测原则和检测方法。

（3）培养学生积极动手实践，独立解决问题的能力。

任务导入

零件加工后，必须通过检测，根据测得的形位误差是否在其公差范围内来判断零件是否合格，即通过形位误差检测进而评估工件的几何特征是否在允许的极限范围之内。它是保证工件加工质量以满足产品设计要求的一个重要手段。图 2-30 所示为传动轴零件图，本任务要求学生学习知识链接的内容，掌握最小条件、公差原则、形位误差检测及评定知识；熟悉百分表、内径百分表、扭簧比较仪、圆度仪等仪器的结构与使用方法，会测量零件的形位公差，检测判断形位误差是否合格。

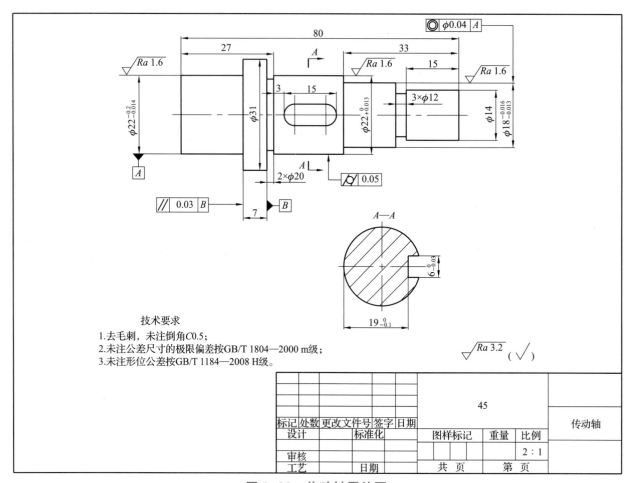

图 2-30　传动轴零件图

知识链接

一、形位误差的检测原则

1. 与理想要素比较原则

与理想要素比较原则是将被测实际要素与其理想要素相比较，用直接法或间接法测出其形位误差值。在实际测量中，理想要素用模拟方法来体现，例如，以平板、小平面、光线扫描平面作为理想平面；以刀口尺、拉紧的钢丝等作为理想的直线。这是一条基本原则，大多数形位误差的检测都应用这个原则。

2. 测量坐标值原则

测量坐标值原则是测量被测要素的坐标值，并经过数据处理获得形位误差值。

3. 测量特征参数原则

测量特征参数原则是测量被测实际要素上有代表性的参数，并以此来表示形位误差值，如用两点法测量圆度误差值。该原则检测简单，车间条件下尤为适用。

4. 测量跳动原则

测量跳动原则是将被测实际要素绕基准轴线回转，沿给定方向测量其对某参考点或线的变动量。这一变动量就是跳动误差值，如用指示表测量径向圆跳动误差。

5. 控制实效边界原则

控制实效边界原则一般用综合量规来检验被测实际要素是否超出实效边界，以判断合格与否。该原则适用于图样上标注最大实体原则的场合，即形位公差框格中标注的场合，如用综合量规测量两孔轴线的同轴度。

二、形位误差的检测

1. 形位误差的评定原则

形状误差是指被测提取要素（实际要素）对其拟合要素（理想要素）的变动量，拟合要素应符合最小条件。最小条件是指被测提取要素对其拟合要素的最大变动量为最小。最小条件不仅是形状误差，也是方向误差、位置误差、跳动误差评定的基本原则。最小条件的拟合要素有两种情况：一种情况是对于提取组成要素（线、面轮廓度除外），其拟合要素位于实体之外且与被测提取组成要素接触，并使被测提取组成要素对其拟合要素的最大变动量最小，符合最小条件，如图 2-31（a）所示；另一种情况是对于提取导出要素（中心线、中心面等）原则。其拟合要素位于被测提取导出要素之中，如图 2-31（b）所示。可以由无数个理想圆柱面包容提取中心线，但必然存在一个直径最小的理想圆柱面，该最小理想圆柱面的轴线就是符合最小条件的拟合要素。

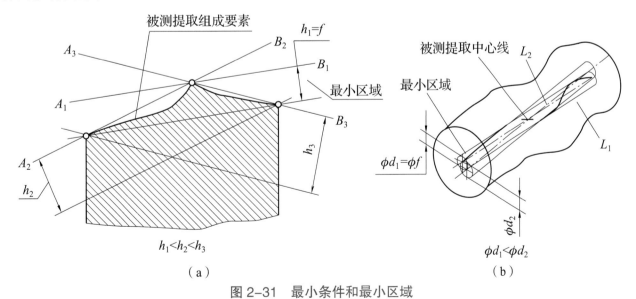

图 2-31　最小条件和最小区域

（a）符合最小条件的拟合组成要素；（b）符合最小条件的拟合导出要素

2. 形状误差的检测

形状误差包括直线度误差、圆度误差、平面度误差、圆柱度误差、线轮廓度误差及面轮廓度误差。形状误差的检测如表 2-7 所示。

平面度公差
测量

表 2-7　形状误差的检测

检测对象	检测方法	检测步骤
直线度误差	用刀口尺检测	检具：刀口尺（或样板直尺）、塞尺。 检测方法说明：将刀口尺或样板直尺与被测素线直接接触，并使两者之间的最大间隙为最小，此时的最大间隙即为该条被测素线的直线度误差。误差的大小应根据光隙测定。当光隙较小时，可按标准光隙来估读；当光隙较大时，则可用塞尺测量。 按上述方法测量若干条素线，取其中最大的误差值，并将其作为该被测零件的直线度误差
	用百分表检测 百分表 工件 顶尖架 平板	检具：平板、顶尖架或偏摆检查仪、百分表或千分表。 检测方法说明： 1. 将被测零件装夹在偏摆检查仪的两顶尖之间。 2. 在支架上装上两个测头相对的百分表（或杠杆百分表），使两个百分表的测头在铅垂轴截面内。 3. 沿铅垂轴截面的两条素线测量，记录两百分表（或杠杆百分表）在各自测点的读数。 4. 计算各测点读数差的 1/2，取其中最大的误差值作为该截面轴线的直线度误差。 5. 在若干条素线上测量若干截面，取其中的最大误差作为该被测零件轴线的直线度误差
平面度误差	平面平晶检测 $\boxed{\ \diamond\ }$ t 平面平晶	检具：平面平晶。 检测方法说明：将平面平晶工作面贴在被测表面上，稍加压力就有干涉条纹出现；被测表面的平面度误差为封闭的干涉条纹数乘以光波波长的一半。对于不封闭的干涉条纹，平面误差为条纹的弯曲度与相邻两条纹间距之比再乘以光波波长的一半。此方法适用于测量高准确度的小平面

检测对象	检测方法	检测步骤
平面度误差	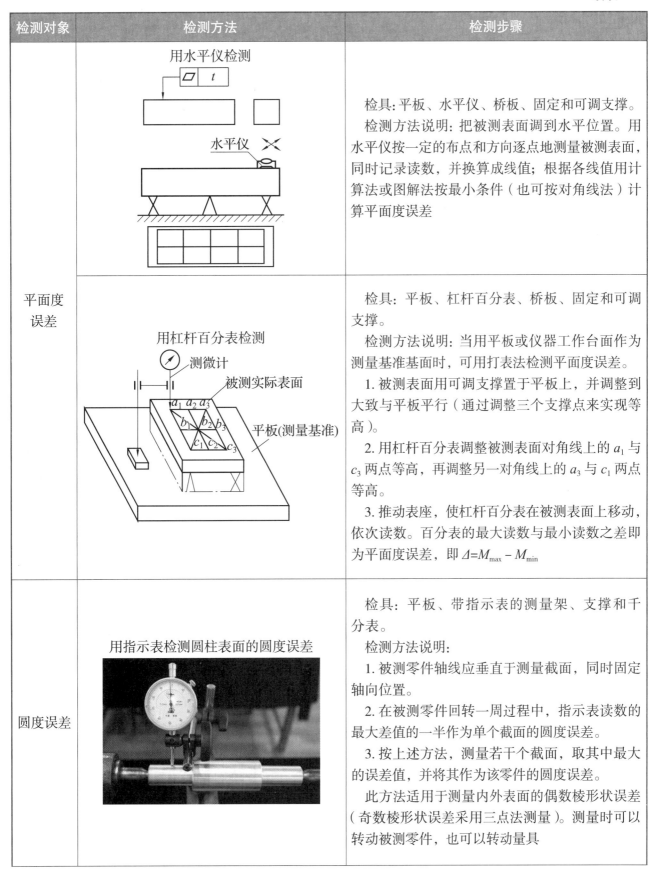	检具：平板、水平仪、桥板、固定和可调支撑。 检测方法说明：把被测表面调到水平位置。用水平仪按一定的布点和方向逐点地测量被测表面，同时记录读数，并换算成线值；根据各线值用计算法或图解法按最小条件（也可按对角线法）计算平面度误差
		检具：平板、杠杆百分表、桥板、固定和可调支撑。 检测方法说明：当用平板或仪器工作台面作为测量基准基面时，可用打表法检测平面度误差。 1. 被测表面用可调支撑置于平板上，并调整到大致与平板平行（通过调整三个支撑点来实现等高）。 2. 用杠杆百分表调整被测表面对角线上的 a_1 与 c_3 两点等高，再调整另一对角线上的 a_3 与 c_1 两点等高。 3. 推动表座，使杠杆百分表在被测表面上移动，依次读数。百分表的最大读数与最小读数之差即为平面度误差，即 $\Delta = M_{max} - M_{min}$
圆度误差		检具：平板、带指示表的测量架、支撑和千分表。 检测方法说明： 1. 被测零件轴线应垂直于测量截面，同时固定轴向位置。 2. 在被测零件回转一周过程中，指示表读数的最大差值的一半作为单个截面的圆度误差。 3. 按上述方法，测量若干个截面，取其中最大的误差值，并将其作为该零件的圆度误差。 此方法适用于测量内外表面的偶数棱形状误差（奇数棱形状误差采用三点法测量）。测量时可以转动被测零件，也可以转动量具

续表

检测对象	检测方法	检测步骤
圆度误差	用指示表检测圆锥面的圆度误差 测量截面	检具：平板、带指示表的测量架、支撑和千分表。 检测方法说明：被测零件轴线应垂直于测量截面，同时固定轴向位置。 1. 在被测零件回转一周过程中，指示表读数的最大差值的一半作为单个截面的圆度误差。 2. 按上述方法，测量若干个截面，取其中最大的误差值，并将其作为该零件的圆度误差。 此方法适用于测量内外表面的偶数棱形状误差（奇数棱形状误差采用三点法测量）。测量时可以转动被测零件，也可以转动量具
圆柱度误差	三点法测量圆柱度 180°-α	检具：平板、V 形块、带指示表的测量架。 三点法测量圆柱度的方法如下： 1. 将被测零件放在平板上长度大于零件长度的 V 形块内。 2. 在被测零件回转一周过程中，测量一个横截面上最大与最小读数。 3. 按上述方法，连续测量若干个横截面，然后取各截面内所测得的所有读数中最大与最小读数的差值的一半，并将其作为该零件的圆柱度误差。 此方法适用于测量外表面的奇数棱形状误差。为测量准确，通常使用夹角 $\alpha=90°$ 和 $120°$ 的两个 V 形块分别测量
	两点法测量圆柱度 	检具：平板、直角座、带指示表的测量架。 检测方法说明： 1. 将被测零件放在平板上，并紧靠直角座。 2. 在被测零件回转一周过程中，测量一个横截面上的最大与最小读数。 3. 按上述方法，测量若干个横截面，然后取各截面内所测得的所有读数中最大与最小数差值的一半，并将其作为该零件的圆柱度误差

检测对象	检测方法	检测步骤
线轮廓度误差		检具：仿形测量装置、指示表、固定和可调支承、轮廓样板。 检测方法说明：调整被测零件相对于仿形系统和轮廓样板的位置，再将指示表调零。仿形测头在轮廓样板上移动，由指示表上读取数值。取其数值的2倍，并将其作为该零件的线轮廓度误差。必要时，将测得的值换算成垂直于理想轮廓方向（法向）上的数值后评定误差。指示表测头应与仿形测头的形状相同
		检具：轮廓样板。 检测方法说明：将轮廓样板按规定的方向放置在被测零件上，根据光隙法估读间隙的大小，取最大间隙，并将其作为该零件的线轮廓度误差
		检具：投影仪。 检测方法说明：将被测轮廓投在投影屏上与极限轮廓相比较，实际轮廓的投影应在极限轮廓线之间。此法适用于测量尺寸较小和薄的零件
面轮廓度误差		检具：三坐标测量装置、固定和可调支承。 检测方法说明：将被测零件放置在仪器工作台上，并进行正确定位。测出若干个点的坐标值，并将测得的坐标值与理论轮廓的坐标值进行比较，取其中差值最大的绝对值的2倍，并将其作为该零件的面轮廓度误差
		检具：截面轮廓样板。 检测方法说明：将若干截面轮廓样板放置在各指定的位置上。根据光隙法估读间隙的大小，取最大间隙，并将其作为该零件的面轮廓度误差

三、方向误差的检测

1. 方向误差的评定原则

方向误差是指被测提取要素（被测实际要素）相对于具有确定方向的拟合要素（理想要素）的变动量，该拟合要素（理想要素）的方向由基准及理论正确角度确定。

方向误差值用定向最小包容区域（简称定向最小区域）的宽度 f 或直径 ϕf 表示。定向最小区域是与公差带形状相同，具有确定方向，并满足最小条件的区域。

图 2-32（a）所示为评定被测实际平面对基准平面的平行度误差，拟合要素（理想要素）首先要平行于基准平面，然后再按拟合要素（理想要素）的方向来包容被测提取要素（被测实际要素），按此形成最小包容区域，即定向最小区域。

图 2-32（b）所示为关联实际被测轴线对基准平面的垂直度误差，包容实际轴线的定向最小包容区域为一个圆柱体。该圆柱体的轴心线为垂直于基准平面的理想轴心线，圆柱体的直径 ϕf 为实际轴线对基准平面的垂直度误差。

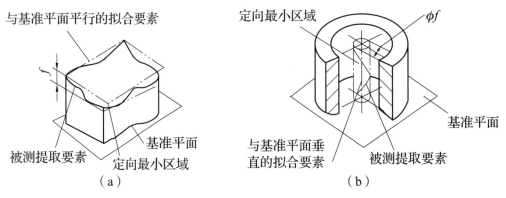

图 2-32　定向最小区域

（a）评定被测实际平面对基准平面的平行度误差；（b）关联实际被测轴线对基准平面的垂直度误差

2. 方向误差的检测

方向误差的检测如表 2-8 所示。

对称度公差测量

表 2-8　方向误差的检测

检测对象	检测方法	检测步骤
平行度误差	线对面平行	检具：平板、带指示表的测量架、芯轴。 检测方法说明： 　1. 将被测零件放在平板上，在整个被测表面上按规定测量线进行测量。 　2. 取指示表的最大与最小读数之差作为该零件的平行度误差。 　3. 取各条测量线上任意给定长度内指示表的最大与最小读数之差，并将其作为该零件的平行度误差

检测对象	检测方法	检测步骤
平行度误差	面对线平行 	检具：平板、带指示表的测量架、芯轴。 检测方法说明： 1. 将芯轴插入零件基准孔中，然后放在等高 V 形架上。 2. 转动零件，使 $L_3=L_4$。 3. 测量整个平面，取指示表读数的最大差值作为平行度误差。测量时，应选用可胀式芯轴，使其与孔配合无间隙。 4. 评定检测结果
	线对线平行 	检具：平板、芯轴、等高 V 形架、带指示表的测量架。 检测方法说明： 1. 将被测零件装入芯轴，然后放在等高 V 形架上。 2. 用指示表测芯轴两端的高度 M_1 和 M_2。 3. 平行度误差 f 为 $$f=\mid M_1-M_2\mid L_1/L_2$$ 式中，L_1 为被测轴线长度；L_2 为指示表两个位置间的距离。 4. 在 $0°\sim180°$ 按上述方法测量若干个不同位置，取各测量位置所对应的平行度误差值中的最大值。 5. 评定检测结果：如果 $f_{max}\leqslant$ 公差值，那么该零件的平行度误差符合要求；如果 $f_{max}>$ 公差值，那么该零件的平行度误差超差
	面对面平行 	检具：平板、指示表支架、百分表。 检测方法说明： 1. 将被测零件放置在检测平板上，以加强肋底面作为基准面。 2. 安装好百分表表座和百分表，调节支架，使百分表的测头垂直于被测面，且使百分表的指针压上半圈以上，转动表盘调节指针指零。 3. 在整个被测表面上多方向地移动指示表支架进行测量。 4. 取百分表的最大与最小读数之差作为该零件的平行度误差 f，即 $$f=M_{max}-M_{min}$$ 式中，M_{max} 为百分表的最大读数；M_{min} 为百分表的最小读数。 5. 评定检测结果：如果百分表最大与最小读数之差 $f\leqslant0.05$ mm，该零件的平行度符合要求；如果 $f>0.05$ mm，该零件的平行度超差

续表

检测对象	检测方法	检测步骤
垂直度误差	线对面垂直 1，7—芯轴；2—指示表；3—被测零件；4—可调支撑；5—平板；6—精密角度尺	检具：平板、带指示表的测量架。 检测方法说明： 1. 将指示表装入表架。 2. 先将可胀式、与孔成无间隙配合的芯轴装入零件。 3. 调整基准芯轴7，使其与平板5垂直。 4. 使指示表测头与芯轴1垂直，并指针调零，测得 M_1 和 M_2。 5. 计算垂直度误差 $f=|M_1-M_2|L_1/L_2$。 6. 评定检测结果：$f \leqslant$ 公差值，零件的垂直度误差符合要求，否则零件的垂直度误差超差
	线对面垂直 1—指示表；2—被测零件；3—直尺；4—转台	检具：平板、带指示表的测量架。 检测方法说明： 1. 将被测零件放置在转台上并使被测轮廓要素的轴线与转台中心对正。 2. 将指示表在被测零件的外圆柱面上并调零，测量若干个轴向截面轮廓线要素上最大读 M_{max} 和最小读数 M_{min}。 3. 计算垂直度误差 $f=(M_{max}-M_{min})/2$。 4. 评定检测结果：$f \leqslant$ 公差值，零件的垂直度误差符合要求，否则零件的垂直度误差超差
	面对线垂直 1—指示表；2—被测零件；3—导向套；4—平板	检具：平板、带指示表的测量架。 检测方法说明： 1. 将被测零件放置在转台上并使被测轮廓要素的轴线与转台中心对正。 2. 将指示表在被测零件的外圆柱面上调零，测量若干个轴向截面轮廓要素上的最大读数 M_{max} 和最小读数 M_{min}。 3. 计算垂直度误差 $f=(M_{max}-M_{min})/2$。 4. 评定检测结果：如果计算出的 $f \leqslant$ 公差值，零件的垂直度误差符合要求，否则零件的垂直度误差超差
	面对面垂直 1—精密直角尺；2—被测零件；3—平板	检具：平板、带指示表的测量架。 检测方法说明： 1. 将被测零件放置在平板上，用平板模拟基准，将精密直角尺的短边置于平板上，将长边靠在被测零件侧面上，此时长边即为理想要素。 2. 用塞尺测量精密直角尺长边与被测侧面之间的最大间隙 f_{max} 即为该位置的垂直度误差。 3. 评定检测结果：如果 $f_{max} \leqslant$ 公差值，那么该零件的垂直度误差符合要求；如果 $f_{max} >$ 公差值，那么该零件的垂直度误差超差

续表

检测对象	检测方法	检测步骤
同轴度误差检测		检具：平板、刀口状 V 形块、带指示表的测量架。 检测方法说明：将被测零件安置在两 V 形块之间。把两指示表分别在铅垂轴截面调零。 1. 在轴向测量，取指示表在垂直基准轴线的正截面上测得的各对应点的读数差值，并将其作为在该截面上的同轴度误差。 2. 转动被测零件，按上述方法测量若干个截面，取各截面测得的读数差中的最大值（绝对值），并将其作为该零件的同轴度误差
		检具：综合量规。 检测方法说明：综合量规的直径为孔的实效尺寸，综合量规应通过被测零件。
对称度误差检测		检具：综合量规。 检测方法说明：综合量规应通过被测零件；综合量规的两个定位块的宽度为基准槽的最大实体尺寸，综合量规的直径为被测孔的实效尺寸。

续表

检测对象	检测方法	检测步骤
对称度误差检测		检具：平板、V形块、定位块、带指示表的测量架。 检测方法说明： 基准轴线由 V 形块模拟，被测中心平面由定位块模拟。调整被测零件，使定位块沿径向与平板平行，在键槽长度两端的径向截面内测量定位块至平板的距离，再将被测件翻转 180° 后重复上述测量，得到两径向测量截面内的距离依次为 Δ_1 和 Δ_2，则该截面的对称度误差为 $$f = \frac{2\Delta_2 h + d(\Delta_1 - \Delta_2)}{d - h}$$
径向圆跳动误差检测		检具：标准零件、测量钢球、回转定心夹头、平板、带指示表的测量架。 检测方法说明：被测件由回转定心夹头定位，选择适当直径的钢球，放置在被测零件的球面内，以钢球球心模拟被测球面的中心。 在被测零件回转一周的过程中，径向指示表最大示值差的一半为相对基准 A 的径向误差 f_z，轴向指示表直接读取相对于基准 B 的轴向误差 f_y，该指示表应先按标准零件调零，被测点位置度误差为 $$f = 2\sqrt{f_x^2 + f_y^2}$$
		检具：一对同轴顶尖、带指示表的测量架。 检测方法说明：将被测零件安装在两顶尖之间。 1. 在被测零件回转一周过程中，指示表读数最大差值即为单个测量平面上的径向跳动。 2. 按上述方法，测量若干个截面，取各截面测得的跳动量中的最大值，并将其作为该零件的径向跳动

检测对象	检测方法	检测步骤
径向全跳动误差检测		检具：平板、导向套筒、支承、带指示表的测量架。 检测方法说明：将被测零件支承在导向套筒内，并在轴向固定。导向套筒的轴线应与平板垂直。在被测零件连续回转过程中，指示表沿其径向做直线移动；在整个测量过程中的指示表读数的最大差值即为该零件的端面全跳动。也可用V形块来测量
		检具：平板、一对同轴导向套筒（等高V形块或一对顶尖）、支承、带指示表的测量架。 检测方法说明：将被测零件放在两同轴导向套筒内，同时在轴向上固定并调整套筒，使其同轴。在被测件连续回转过程中，同时让指示表沿基准轴线方向做直线移动；在整个测量过程中，指示表读数最大差值即为该零件的径向全跳动。 基准轴线也可用一对顶尖或等高V形块来体现

巩固练习

（1）按最小条件处理用打表法测得的某平板平面度误差后所得的数据为：-2、+4、+10、-3、-5、+4、+9、+3、+8（单位为 mm），试求平板的平面度误差值。

（2）使用偏摆仪检测同轴度误差和检测圆度误差有何异同？

（3）如图 2-33 所示，识读滑块零件图，解释框格的含义、公差带形状，完成孔的对称度误差的检测。

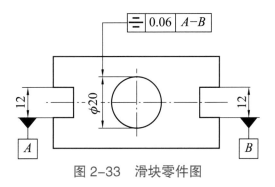

图 2-33 滑块零件图

项目小结

（1）认识形位公差的项目名称及符号，能够正确分析零件图中的形位公差项目及符号含义。

（2）学会形位公差代号和基准符号的标注方法，在零件图样上标注，作为加工制造、装配修理的依据。

（3）运用正确的检测方法，根据测得的形位误差判断出零件是否合格，进而评估工件的几何特征是否在允许的极限范围之内。

知识拓展

三坐标测量机检测形位公差

三坐标测量机（Coordinate Measuring Machine，CMM）采用先进的测量技术和精密的机械结构，能够实现微米级甚至更高精度的测量，在检测形位公差方面具有高精度、多功能性、自动化与智能化以及强大的数据处理与分析能力等优势，通过合理的基准选择、测头选择和环境条件控制等措施，可以确保测量结果的准确性和可靠性，为产品质量控制和改进提供有力支持。形位公差测量中常用的有固定桥式、移动桥式、龙门式、悬臂式三坐标测量机，如图2-34所示。

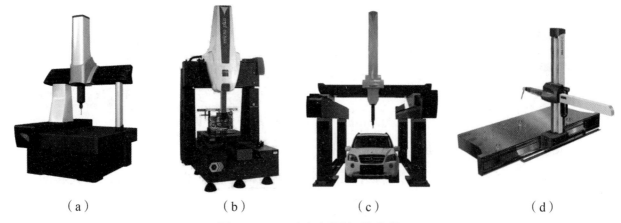

（a）　　　　　　　（b）　　　　　　　（c）　　　　　　　（d）

图2-34　三坐标测量机的种类

（a）固定桥式三坐标测量机；（b）移动桥式三坐标测量机；

（c）龙门式三坐标测量机；（d）悬臂式三坐标测量机

一、基本原理

三坐标形位公差测量方法基于三坐标测量技术，通过测量零件表面的三维坐标数据，分析零件的形状和位置误差。形位公差测量主要涉及以下几个方面的内容：

（1）基准框架：形位公差测量中使用的基准框架是一种具有已知几何形状和位置的参考物体。它可以用来确定零件的基准面、基准点和基准轴，从而建立测量坐标系。

（2）坐标测量：通过三坐标测量机对零件表面的关键点进行测量，获取其三维坐标数据。这些测量数据将用于后续的形状和位置误差分析。

（3）形状误差分析：主要包括曲面拟合、曲率分析、拓扑分析等方法，用于评估零件的形状误差。

二、测量方法

通过三坐标测量机可以获得物体的形状和位置信息，以及进行比较和分析。三坐标测量机可以测量一个物体的所有维度，包括长度、高度、深度、线性度、平面度、圆度、垂直度、平行度、角度、同轴度和位置偏差等。在测量形位公差时，需要设置测量参数和测量方法，包括选择正确的测头、夹具和工装，采用适当的测量路径，以及正确设置坐标系和基准面。同时，还需要合理选择测量数据的处理方法和测量误差的补偿方法，以提高测量精度和可靠性。

三、坐标检测方法的标准步骤

1. 三坐标测量机的设置

在进行测量前，首先需要对三坐标测量机进行设置。具体来说，需要设置三坐标测量机的坐标系和基准面。在设置坐标系时，需要选择一个有代表性的基准面，并确定其位置和方向，以便后续测量时进行坐标转换。在选择基准面时，应尽量选择与零件的特征相关的面，以便于后续的分析和处理。

2. 零件的夹持和对准

在进行测量前，需要将待测零件夹持在三坐标测量机的工作台上，并对其进行对准。在夹持时，应尽量避免对零件的形状和特征造成影响，以保证测量的准确性。在对准时，应根据零件的特征和形状来确定测量的起点和终点，并将零件的特征面对准坐标系的基准面，以确保测量的精确性。

3. 测量点的选取

在进行测量时，需要选取一些代表性的测量点，并将它们标记出来。在选取测量点时，应根据零件的特征和形状来确定，以保证测量的全面性和准确性。在标记测量点时，应尽量避免对零件表面造成损伤或痕迹，以免影响零件的质量和外观。

4. 测量数据的采集

在进行测量时，需要使用三坐标测量机对选定的测量点进行测量，并将测量数据输入计算机进行处理。在采集测量数据时，应尽量避免产生测量误差，以保证测量的准确性。在输入数据时，应按照规定的格式进行输入，并检查数据的正确性和完整性，以确保后续处理的准确性。

匠心学堂

郑志明：匠心筑梦 从普通钳工到"大国工匠"

生产车间里机器轰鸣。头戴安全帽，身穿蓝色工服的工人们簇拥在钳工工作台边，聚精会神地学习零件加工的技术要领……人群之中，正在用杠杆百分表对零件进行测量的是广西汽车集团有限公司钳工特级技师郑志明，如图 2-35 所示。

图 2-35 郑志明和团队一起钻研技术

1977 年，郑志明出生于柳州一个普通工人家庭。1997 年，郑志明从职高毕业后进入广西汽车集团有限公司的前身——柳州微型汽车厂，成为一名钳工学徒。

这些年，郑志明每天早出晚归，在生产一线苦练技艺，全身心投入研磨、锉削、划线、钻削等各项工作中，手掌慢慢地磨出了泡、长满了茧，练坏的工具能以吨计。功夫不负有心人，郑志明在与钢铁的"对话"中练就了精湛技艺，将钳工技能练得炉火纯青。他利用手工锉削可将零件尺寸控制在 0.002 mm 以内；手工划线钻孔，孔的位置度误差可控制在 0.02 mm 以内，这种精准水平，目前国内极少有人能够达到。

手工划线钻孔，位置误差很关键。郑志明用极细的划针在零件表面划出十字线，在两线交叉处用锤子轻敲一下样冲，留下样冲眼，初步确定孔的位置。"为了确保精度，我把样冲磨得很尖，打出的点也非常小，必须拿放大镜才能看清楚。"郑志明说，接着，他用夹具夹紧零件，将顶针安装在钻床主轴上，慢慢对准零件上的样冲眼，边钻边调整……耗时一整天，郑志明终于完成了液压集成块的加工图。

除了自身追求卓越、精益求精，郑志明还注重"传帮带"。2014 年，以郑志明名字命名的国家级技能大师工作室成立，他带领团队先后自主研制完成工艺装备 900 多项，参与设计制造自动化生产线 10 多条。在他的传帮带下，一批创新型人才逐渐成长为汽车机械师。从事汽车装备制造工作 26 年，郑志明先后被授予"全国技术能手""国务院政府特殊津贴专家""全国五一劳动奖章""全国劳动模范"等荣誉称号。日前，郑志明当选 2022 年"大国工匠年度人物"，成为广西首位"大国工匠"。心中有梦想，脚下有力量。从普通钳工到"大国工匠"，郑志明在平凡的岗位上，和中国制造一同阔步前行。

项目三

表面粗糙度

　　机械零件的破坏一般总是从表面层开始的，零件的表面质量是保证机械产品质量的基础，零件的表面质量直接影响零件的耐磨性、耐疲劳性、抗腐蚀性以及零件的配合质量。在零件图中需要标注零件的表面结构要求，包括零件表面的表面结构参数、加工工艺、表面纹理及方向、加工余量、取样长度等。表面结构参数有粗糙度参数、波纹度参数和原始轮廓参数等，其中粗糙度参数是最常用的表面结构要求。通过本项目的学习，理解表面结构要求的概念、了解评定表面结构要求的各个参数的含义，能够识读表面粗糙度代号并会进行标注，掌握表面粗糙度的应用与检测方法等内容。图3-1所示为项目三的思维导图。

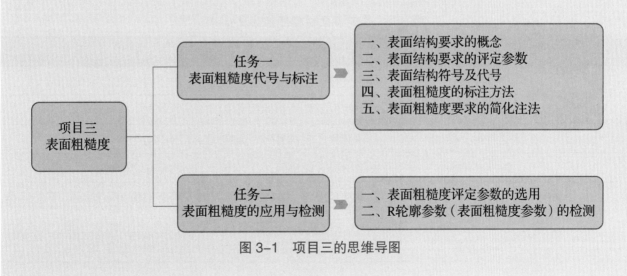

图3-1　项目三的思维导图

任务一　表面粗糙度代号与标注

任务目标

（1）树立认真、踏实的工作态度，养成主动思考、敢于探究的职业习惯。

（2）掌握表面粗糙度概念、表面结构的图形符号及标注方法。

（3）能够运用学习知识，读懂图样上的表面粗糙度含义和正确标注表面粗糙度要求。

任务导入

表面粗糙度是指加工后在表面上形成的、具有较小间距和微小峰谷的微观几何形状特征。其两波峰或两波谷之间的距离（波距）很小，用肉眼是难以区别的，因此它属于微观几何形状误差。表面粗糙度越小，则表面越光滑。表面粗糙度的大小对机械零件的使用性能有很大影响。本任务要求学生学习知识链接的内容，掌握表面粗糙度概念、表面结构的图形符号及标注方法，根据表 3-1 所示带轮表面粗糙度参数及要求，完成以下任务：

（1）将表 3-1 中给定的表面粗糙度参数及要求转换为表面结构代号；

（2）在图 3-2 所示 V 带轮零件图上标注表面结构代号。

表 3-1　带轮表面粗糙度参数及要求

序号	形式	参数及要求
1	圆柱孔	去除材料，轮廓算术平均偏差 Ra 的单向上限值为 0.8 μm
2	圆柱孔及孔底	去除材料，轮廓算术平均偏差 Ra 的单向上限值为 1.6 μm
3	键槽两侧及槽底	去除材料，轮廓算术平均偏差 Ra 的单向上限值为 3.2 μm
4	圆柱左端面	去除材料，轮廓算术平均偏差 Ra 的单向上限值为 3.2 μm
5	V 带槽两侧面	去除材料，轮廓算术平均偏差 Ra 的上限值为 6.3 μm，下限值为 1.6 μm
6	其他表面	去除材料，轮廓算术平均偏差 Ra 的单向上限值均为 6.3 μm

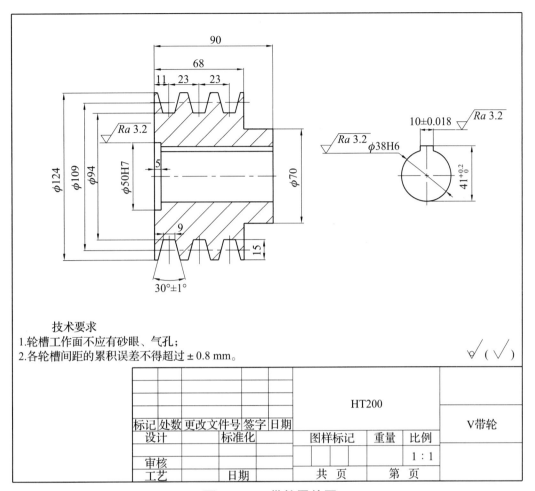

图 3-2 V 带轮零件图

技术要求
1.轮槽工作面不应有砂眼、气孔；
2.各轮槽间距的累积误差不得超过 ± 0.8 mm。

					HT200			
标记	处数	更改文件号	签字	日期				V带轮
设计		标准化			图样标记	重量	比例	
审核							1：1	
工艺		日期			共 页		第 页	

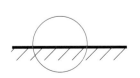

知识链接

一、表面结构要求的概念

经过机械加工或用其他加工方法获得的零件表面，由于加工过程中的塑性变形、机床的高频振动以及刀具在加工表面留下的切削痕迹等原因，零件的表面不可能是绝对光洁的，如图 3-3 所示。表面粗糙度是表述零件表面峰谷的高低程度和间距状况等微观几何形状特性的术语。它对于零件摩擦、磨损、配合性质、疲劳强度、接触刚度等都有显著影响，是评定零件表面质量的一项重要指标。

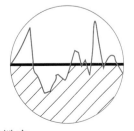

图 3-3 表面粗糙度

表面粗糙度
的概念

表面粗糙度对零件表面许多功能都有影响。其主要表现在以下几个方面：

1. 对摩擦和磨损的影响

零件实际表面越粗糙，摩擦系数就越大，相互运动的两个表面磨损就越快。

2. 对配合性质的影响

表面粗糙度会影响配合性质的可靠性和稳定性。对间隙配合会因表面峰尖在工作过程中很快磨损而使间隙增大；对过盈配合，粗糙表面轮廓的波峰在装配时被挤平，实际有效过盈减小，降低了连接强度。

3. 对疲劳强度的影响

零件表面粗糙会引起应力集中，尤其在交变应力的作用下，零件疲劳损坏的可能性越大，疲劳强度就会降低。

4. 对接触刚性的影响

表面越粗糙，两表面间的实际接触面积就越小，单位面积受力就越大，受到外力时极易产生接触变形，接触刚度变低，影响机器的工作精度和抗振性。

5. 对耐腐蚀性能的影响

粗糙的表面易使腐蚀性物质附着于表面的微观凹谷，且向零件表层渗透，加剧锈蚀。

此外，表面粗糙度对零件结合面的密封性能、流体阻力、外观质量和表面涂层的质量等都有一定的影响。总之，表面质量直接影响零件的使用性能和寿命。因此，在实际应用中要对零件的表面质量加以合理的规定。

二、表面结构要求的评定参数

1. 基本术语及定义

1）实际轮廓

实际轮廓是指平面与实际表面相交所得的轮廓线，如图3-4所示。按相截方向不同，实际轮廓分为横向实际轮廓和纵向实际轮廓。

2）取样长度（lr）

取样长度（lr）是用于判别被评定轮廓的不规则特征的 x 轴方向上的长度，即具有表面粗糙度特征的一段基准线长度。x 轴的方向与轮廓总的走向一致，一般应包括 5 个以上的波峰和波谷，如图3-5所示。规定和限制这段长度是为了限制和减弱表面波度对表面粗糙度测量结果的影响。

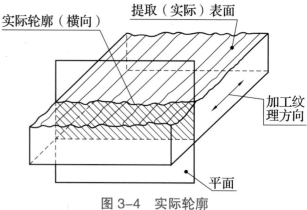

图3-4 实际轮廓

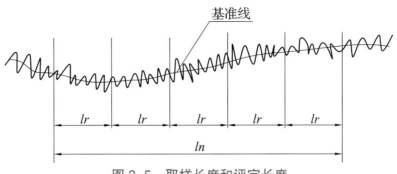

图 3-5　取样长度和评定长度

3）评定长度（ln）

评定长度是用于判别被评定轮廓的 x 轴方向上的长度。它可包括一个或几个取样长度，如图 3-5 所示。由于零件表面粗糙度不一定均匀，在一个取样长度上往往不能合理地反映该表面粗糙度的特性，因此要取几个连续取样长度，一般取 $ln = 5lr$。

4）轮廓中线

轮廓中线是具有几何轮廓形状并划分轮廓的基准线。它有轮廓的最小二乘中线和轮廓的算术平均中线两种。

（1）轮廓的最小二乘中线：指在取样长度内，使轮廓线上各点轮廓偏距 Z_i 的平方和最小的线，如图 3-6 所示。

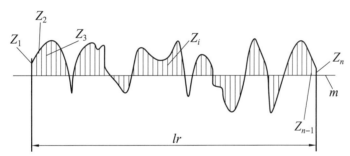

图 3-6　轮廓的最小二乘中线

（2）轮廓的算术平均中线：指在取样长度内划分实际轮廓为上、下两部分，且使两部分面积相等的基准线，如图 3-7 所示。

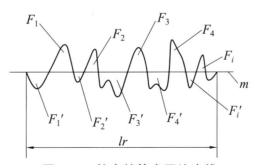

图 3-7　轮廓的算术平均中线

5）轮廓峰顶线

轮廓峰顶线是指在取样长度内，平行于基准线并通过轮廓最高点的线，如图 3-8 所示。

6）轮廓谷底线

轮廓谷底线是指在取样长度内，平行于基准线并通过轮廓最低点的线，如图3-8所示。

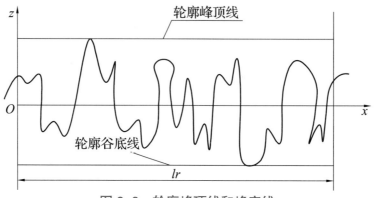

图3-8　轮廓峰顶线和峰底线

2. 表面粗糙度的评定参数

1）与高度特性有关的参数（幅度参数）

（1）评定轮廓的算术平均偏差 Ra，即在一个取样长度 lr 内，轮廓上各点至基准线的距离的绝对值的算术平均值，如图3-9所示。

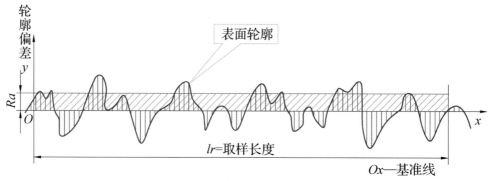

图3-9　轮廓算术平均偏差

（2）轮廓的最大高度 Rz，即在一个取样长度 lr 内，最大轮廓峰高 Z_p 和最大轮廓谷深 Z_v 之和的高度，如图3-10所示。

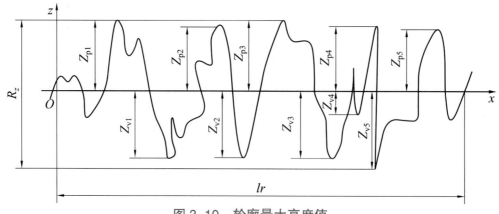

图3-10　轮廓最大高度值

2）表面粗糙度的参数值

表面粗糙度的参数值已经标准化，设计时应按国家标准 GB/T 131—2009《表面粗糙度参数及其数值》规定的参数值系列选取。

（1）在一般情况下，测量 Ra 和 Rz 时，推荐按表选用对应的取样长度及评定长度值，对于轮廓单元宽度较大的端铣、滚铣及其他大进给走刀量的加工表面，应在标准规定的取样长度系列中选取较大的取样长度值。在幅度参数中，Ra 最常用，它能较完整、全面地表达零件表面的微观几何特征。国家标准推荐，在常用参数范围（Ra 为 0.025~6.3 μm）内，应优先选用 Ra 参数，上述范围内用电动轮廓仪能方便地测出 Ra 的实际值。Rz 直观易测，用双管显微仪、干涉显微仪等即可测得，但不如 Ra 反映轮廓情况全面，往往用于小零件（测量长度很小）或表面不允许有较深的加工痕迹的零件。

（2）表面粗糙度参数值的选择原则：在满足功能要求的前提下，尽量选用大一些的数值（除 Rmr（c）外），以减小加工困难、降低成本。通常，尺寸公差、形状公差要求高的表面的表面粗糙度参数值应相应地取得小些，表面粗糙度参数值要与其尺寸公差、形状公差相协调。在正常的工艺条件下，表面粗糙度参数值与尺寸公差、形状公差值的对应关系如表 3-2 所示。

表 3-2　表面粗糙度参数值与尺寸公差、形状公差值的对应关系

形状公差 t 占尺寸公差 T 的百分率 t/T/%	表面粗糙度参数值占尺寸公差的百分率	
	Ra/T/%	Rz/T/%
约 60	≤ 5	≤ 20
约 40	≤ 2.5	≤ 10

3）表面粗糙度参数值与加工方法的关系

（1）表面粗糙度参数值的对应加工方法如表 3-3 所示。

表 3-3　表面粗糙度参数值的对应加工方法

加工方法	表面粗糙度数值 Ra/μm												
	50	40	25	12.5	6.3	3.2	1.6	0.8	0.4	0.2	0.1	0.05	0.25
砂型铸造、热轧		-----	—	-----									
锻造			-----	—	—	-----							
电火花加工				-----	—	—	-----						
冷轧、拉拔					-----	—	—	-----	-----				
刨削、插削			-----	-----	—	—	-----						
钻孔				-----	—	—	-----						

续表

加工方法	表面粗糙度数值 Ra/μm												
	50	40	25	12.5	6.3	3.2	1.6	0.8	0.4	0.2	0.1	0.05	0.25
铣削			·····	·····	—	—	—	·····	·····				
车削、镗削			·····	·····	—	—	—	—	—	·····	·····		
拉削、铰孔					·····	—	—	—	—	·····	·····		
磨削					·····	·····	—	—	—	—	·····	·····	
抛光								·····	—	—	·····	·····	
研磨									·····	—	—	—	·····

注：实线为平常适用，虚线为不常适用。

（2）轮廓算术平均偏差 Ra 的推荐选用值如表 3-4 所示。

表 3-4　轮廓算术平均偏差 Ra 的推荐选用值

应用场合		公称尺寸 /mm					
		≤ 50		50~120		120~500	
	公差等级	轴	孔	轴	孔	轴	孔
经常装拆零件的配合表面	IT5	≤ 0.2	≤ 0.4	≤ 0.4	≤ 0.8	≤ 0.4	≤ 0.8
	IT6	≤ 0.4	≤ 0.8	≤ 0.8	≤ 1.6	≤ 0.8	≤ 1.6
	IT7	≤ 0.8		≤ 1.6		≤ 1.6	
	IT8	≤ 0.8	≤ 1.6	≤ 1.6	≤ 3.2	≤ 1.6	≤ 3.2
过盈配合（压入装配）	IT5	≤ 0.2	≤ 0.4	≤ 0.4	≤ 0.8	≤ 0.4	≤ 0.8
	IT6~IT7	≤ 0.4	≤ 0.8	≤ 0.8	≤ 1.6	≤ 1.6	
	IT8	≤ 0.8	≤ 1.6	≤ 1.6	≤ 3.2	≤ 3.2	
过盈配合（热装）	—	≤ 1.6	≤ 3.2	≤ 1.6	≤ 3.2	≤ 1.6	≤ 3.2
滑动轴承的配合表面	公差等级	轴			孔		
	IT6~IT9	≤ 0.8			≤ 1.6		
	IT10~IT12	≤ 1.6			≤ 3.2		
	液体湿摩擦条件	≤ 0.4			≤ 0.8		
圆锥结合的工作面		密封结合		对中结合		其他	
				≤ 1.6		≤ 6.3	

续表

应用场合		公称尺寸 /mm					
密封材料处的孔、轴表面	密封形式	速度 / (m · s⁻¹)					
		≤ 3		3~5		≥ 5	
	橡胶圈密封	0.8~1.6（抛光）		0.4~0.8（抛光）		0.2~0.4（抛光）	
	毛毡密封	0.8~1.6（抛光）					
	迷宫式	3.2~6.3					
	涂油槽式	3.2~6.3					
精密定心零件的配合表面	IT5~IT8	径向跳动	2.5	4	6	10	16	25
		轴	≤ 0.05	≤ 0.1	≤ 0.1	≤ 0.2	≤ 0.4	≤ 0.8
		孔	≤ 0.1	≤ 0.2	≤ 0.2	≤ 0.4	≤ 0.8	≤ 1.6

三、表面结构符号及代号

1. 表面粗糙度的标注符号及含义

按 GB/T 131—2009/ISO 1302：2002 的规定，把表面粗糙度要求正确标注在零件图上。

表面结构符号的含义如表 3-5 所示。

表 3-5　表面结构符号的含义

符　号	含　义
√	基本图形符号：仅用于简化代号标注，没有补充说明时不能单独使用
▽	扩展图形符号：表示用去除材料方法获得的表面，如通过机械加工获得的表面
◯√	扩展图形符号：表示不去除材料的表面，如铸、锻、冲压成形、热轧、冷轧、粉末冶金等；也用于保持上道工序形成的表面，不管这种状况是通过去除材料或不去除材料形成的
√ ▽ ◯√	完整图形符号：当要求标注表面结构特征的补充信息时，应在原符号上加一条横线

2. 表面结构代号（图 3-11）

a：注写表面结构的单一要求；

a、b：注写两个或多个表面结构要求，在位置 a 注写第一个表面结构要求，在位置 b 注写第二个表面结构要求；

c：注写加工方法；

d：注写表面纹理和方向；

e：注写所要求的加工余量，以 mm 为单位给出数，如图 3-11 所示。

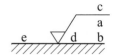

图 3-11　表面结构代号

表面结构代号是在其完整图形符号上标注各项参数构成的。在表面结构代号上标注轮廓算术平均偏差 Ra 和轮廓最大高度 Rz 时，其参数值前应标出相应的参数代号 "Ra" 或 "Rz"。表面结构代号的含义如表 3-6 所示。

表 3-6　表面结构代号的含义

符　号	含　义
$\sqrt{}$ $Ra\,6.3$	表示去除材料获得该表面，单向上限值，R 轮廓，粗糙度的算术平均偏差 Ra 为 6.3 μm
$\sqrt{}$ $Ra\,25$	表示不允许去除材料，单向上限值，R 轮廓，粗糙度的算术平均偏差 Ra 为 25 μm，评定长度为 5 个取样长度（默认），"16% 规则"（默认）
$\sqrt{}$ $Rz\,0.2$	表示去除材料，单向上限值，R 轮廓，粗糙度的最大高度为 0.2 μm，评定长度为 5 个取样长度（默认），"最大规则"
$\sqrt{}$ $U\ Ra_{max}\,3.2$ $L\ Ra\,0.8$	表示不允许去除材料，双向极限值，R 轮廓，上限值：算术平均偏差为 3.2 μm，评定长度为 5 个取样长度（默认），"最大规则"；下限值：算术平均偏差为 0.8 μm，评定长度为 5 个取样长度（默认），"16% 规则"（默认）
$\sqrt{}$ $L\ Ra\,3.2$	表示任意加工方法，单向下限值，R 轮廓，粗糙度的算术平均偏差 Ra 为 3.2 μm，评定长度为 5 个取样长度（默认），"16% 规则"（默认）

注：表面结构参数中，表示单向极限值时，只标注参数代号、参数值，默认为参数的上限值；在表示双向极限值时应标注极限代号，上限值在上方，用 U 表示；下限值在下方，用 L 表示。如果同一参数具有双向极限要求，在不引起歧义的情况下，可以不加 U、L。

3. 幅度参数的标注

表面粗糙度的幅度参数包括 Ra 和 Rz。当选用 Ra 标注时，只需在图形符号中标出其参数值，可不标幅度参数代号；当选用 Rz 标注时，参数代号和参数值均应标出。表面粗糙度幅度参数标注示例（摘自 GB/T 131—2009）如图 3-12 所示。

（a）　　　　　　（b）

图 3-12　表面粗糙度幅度参数值标注示例

参数值标注分为上限值标注和上、下限值标注两种形式。

4. 极限值判断规则的标注

按照 GB/T 10610—2019 的规定，可采用下列两种判断规则。

16% 规则：是指在同一评定长度范围内，幅度参数所有的实测值中，允许 16% 测得值超过规定值，则认为合格。16% 规则是表面粗糙度轮廓技术要求中的默认规则。若采用，则图样上不须注出，如图 3-12、图 3-13 所示。

（a）　　　　　　　（b）

图 3-13　幅度参数上、下限值的标注

最大规则：是在幅度参数符号 Ra 或 Rz 的后面标注一个 "max" 的标记，表示整个所有实测值不得超过规定值，如图 3-13（b）所示。

传输带和取样长度、评定长度的标注。需要指定传输带时，传输带（单位为 mm）标注在幅度参数符号的前面，并用斜线 "/" 隔开，如图 3-14 所示。

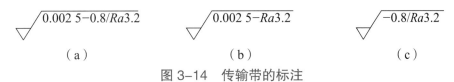

（a）　　　　　　　（b）　　　　　　　（c）

图 3-14　传输带的标注

5. 表面纹理的标注

需要标注表面纹理及其方向时，则应采用规定的符号（摘自 GB/T 131—2009）进行标注。表面纹理标注符号如图 3-15 所示。

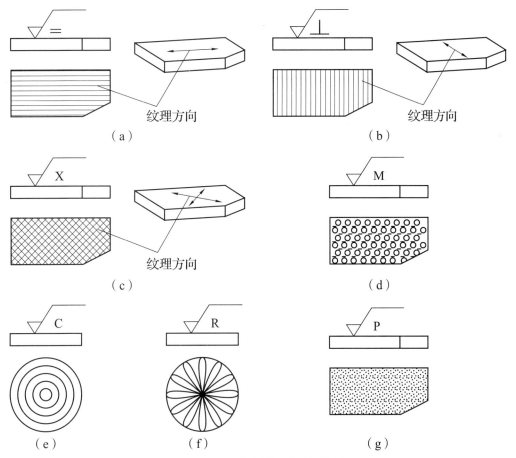

图 3-15　表面纹理标注符号

（a）纹理平行于视图所在的投影面；　（b）纹理垂直于视图所在的投影面；　（c）纹理呈两斜向交叉方向；
（d）纹理呈多方向；　（e）纹理呈近似同心圆且圆心与表面中心相关；
（f）纹理呈近似放射状且与表面中心相关；　（g）纹理呈微粒、凸起、无方向

6. 加工余量的标注

在零件图上标注的表面粗糙度轮廓技术要求都是针对完工表面的要求，因此不需要标注加工余量。对于有多个加工工序的表面可以标注加工余量，如图 3-16 所示，车削工序的直径方向加工余量为 0.4 mm。

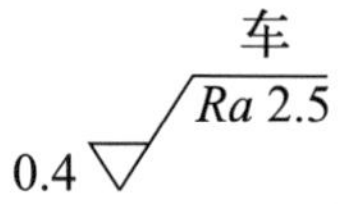

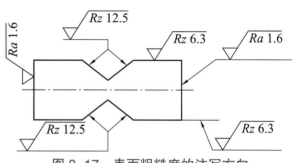

图 3-16 加工余量的标注

四、表面粗糙度的标注方法

（1）表面粗糙度符号、代号一般标注在可见轮廓线、尺寸界线、引出线或它们的延长线上，符号的尖端必须从材料外指向表面，表面粗糙度的注写方向和读取方向要与尺寸的注写和读取方向一致。表面粗糙度的注写方向如图 3-17 所示。

（2）表面粗糙度可标注在轮廓线上，其符号应从材料外指向并接触表面。表面粗糙度代号在图样上的标注如图 3-18 所示。必要时，也可用带箭头或黑点的指引线引出标注，如图 3-19 所示。

图 3-17 表面粗糙度的注写方向

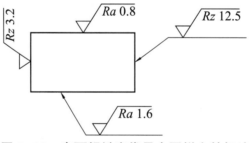

图 3-18 表面粗糙度代号在图样上的标注

表面粗糙度的基本标注方法

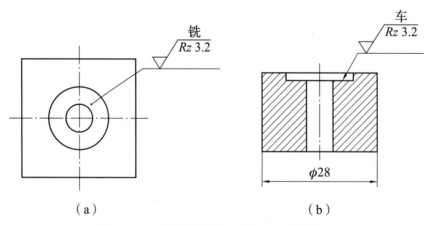

（a）　　　　　　　　　　（b）

图 3-19 用指引线引出标注表面粗糙度

（a）标注形式一；（b）标注形式二

（3）在不致引起误解时，表面粗糙度要求可以标注在给定的尺寸线上，如图 3-20 所示。

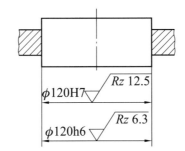

图 3-20 表面粗糙度注写在尺寸线上

（4）表面粗糙度要求可标注在形位公差框格上方，如图 3-21 所示。

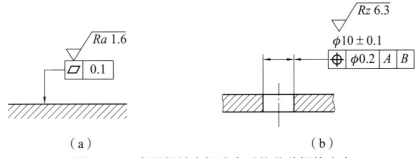

（a）   （b）

图 3-21 表面粗糙度标注在形位公差框格上方

（a）表面粗糙度标注在几何公差上方；（b）表面粗糙度标注在尺寸公差上方

（5）表面粗糙度要求可以直接标注在延长线上或用带箭头的指引线引出标注，如图 3-22 所示。

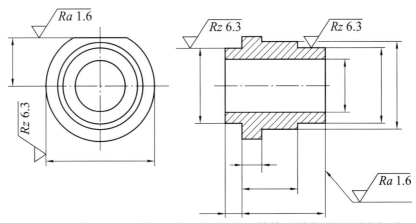

图 3-22 表面粗糙度标注在延长线或用带箭头的指引线引出标注

（6）标注在圆柱和棱柱表面上，如果每个棱柱表面有不同的表面粗糙度要求，则应分别单独标注，如图 3-23 所示。

（7）两种或多种工艺获得的同一表面的标注，如图 3-24 所示。

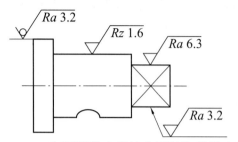

图 3-23　表面粗糙度标注在圆柱和棱柱表面

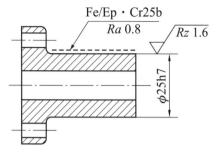

图 3-24　两种或多种工艺获得的同一表面的标注

五、表面粗糙度要求的简化注法

（1）当零件的某些表面或多数表面具有相同的技术要求时，对这些表面的技术要求可以用特定符号统一标注在零件图的标题栏附近。该表面粗糙度符号后面应有圆括号，说明该要求的适用范围。如图 3-25（a）所示，括号内给出无任何其他标注的基本符号；如图 3-25（b）所示，括号内给出粗糙度不同的表面的粗糙度要求。

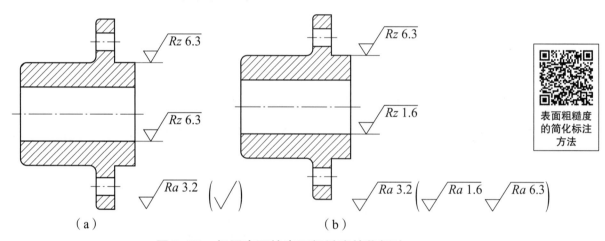

表面粗糙度的简化标注方法

图 3-25　相同表面的表面粗糙度简化标注

（a）含义为"其他"的简化注法；（b）含义为"除（括号内参数）以外"的简化注法

（2）多个表面有共同要求的标注，如图 3-26 所示。

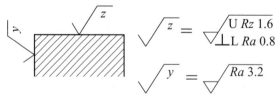

图 3-26　多个表面有共同要求的标注

（3）只用表面粗糙度符号的简化标注，如图 3-27 所示。

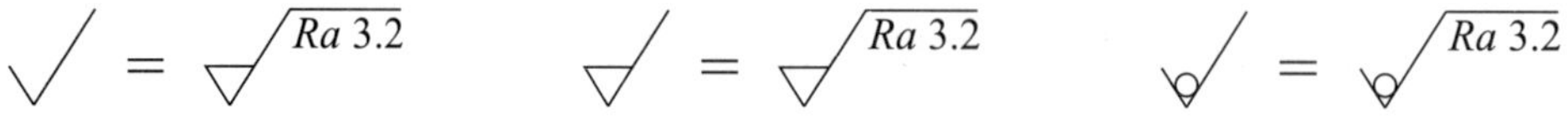

$$\sqrt{} = \sqrt{Ra\,3.2} \qquad \sqrt{} = \sqrt{Ra\,3.2} \qquad \sqrt{} = \sqrt{Ra\,3.2}$$

（a）　　　　　　　　　（b）　　　　　　　　　（c）

图 3-27　只用表面粗糙度符号的简化标注

（a）未指定工艺方法的多个表面粗糙度要求的简化标注；（b）要求去除材料的多个表面粗糙度要求的简化标注；（c）不允许去除材料的多个表面粗糙度要求的简化标注

（1）如图 3-28 所示，分别解释零件图中表面粗糙度代号的意义。

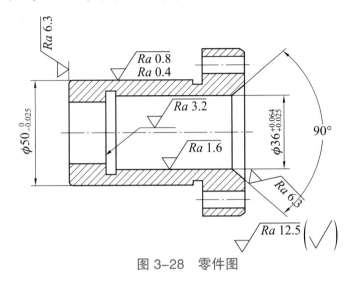

图 3-28　零件图

（2）零件设计和加工时，表面粗糙度参数值是否越小越好？为什么？

任务二　表面粗糙度的应用与检测

任务目标

（1）树立规范操作的意识，培养学生的团队意识、合作品质、协作能力。

（2）掌握表面粗糙度的检测原理、方法及适用场合。

（3）能够使用表面粗糙度测量仪检测表面粗糙度。

任务导入

当某个零件图纸中有表面粗糙度符号出现时，加工人员会按照其进行加工，但加工后如何验证其是否合格，即达到图纸上符号要求？如图 3-29 所示传动轴零件图，本任务要求学生学习知识链接的内容，掌握表面粗糙度的检测方法，根据图中各表面相应的表面粗糙度要求，在车间的生产环境下，方便、快捷、合理地检测该零件各表面粗糙度值，并判断零件表面是否符合技术要求。

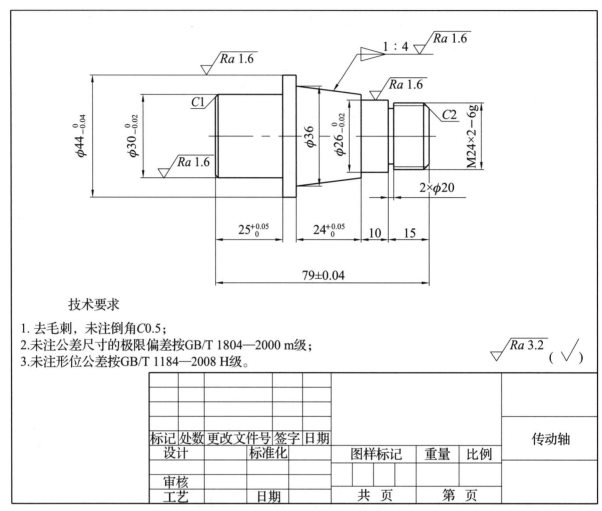

图 3-29　传动轴零件图

技术要求

1. 去毛刺，未注倒角C0.5；
2. 未注公差尺寸的极限偏差按GB/T 1804—2000 m级；
3. 未注形位公差按GB/T 1184—2008 H级。

						传动轴		
标记	处数	更改文件号	签字	日期				
设计		标准化			图样标记	重量	比例	
审核								
工艺		日期			共　页	第　页		

知识链接

一、表面粗糙度评定参数的选用

R 轮廓参数（表面粗糙度参数）值的选择应遵循在满足表面功能要求的前提下，尽量选用较大的表面粗糙度参数值的基本原则，以便简化加工工艺，降低加工成本。R 轮廓参数（表面粗糙度参数）值的选择一般采用类比法，具体选择时应考虑下列因素：

（1）在同一零件上，工作表面一般比非工作表面的表面粗糙度参数值要小。

（2）摩擦表面比非摩擦表面的表面粗糙度参数值要小；滚动摩擦表面比滑动摩擦表面的表面粗糙度参数值要小；运动速度高、压力大的摩擦表面比运动速度低、压力小的摩擦表面的表面粗糙度参数值要小。

（3）承受循环载荷的表面及易引起应力集中的结构（圆角、沟槽等），其表面粗糙度参数值要小。

（4）配合精度要求高的结合表面、配合间隙小的配合表面及要求连接可靠且承受重载的过盈配合表面，均应取较小的表面粗糙度参数值。

（5）配合性质相同时，在一般情况下，零件尺寸越小，则表面粗糙度参数值应越小；在同一精度等级时，小尺寸比大尺寸、轴比孔的表面粗糙度参数值要小；通常在尺寸公差、表面形状公差小时，表面粗糙度参数值要小。

（6）防腐性、密封性要求越高，表面粗糙度参数值应越小。

（7）凡有关标准已对表面粗糙度要求做出规定，则应按标准规定的表面粗糙度参数值选用。

表 3-7 所示为 R 轮廓参数（表面粗糙度参数）的表面特征、对应的加工方法及应用举例，供选用时参考。

表 3-7　R 轮廓参数（表面粗糙度参数）的表面特征、对应的加工方法及应用举例

表面特征		$Ra/\mu m$	加工方法	应用举例
粗糙表面	可见刀痕	> 20~40	粗车、粗刨、粗铣、钻、锉、锯割	半成品粗加工后的表面，非配合的加工表面，如轴端面、倒角、钻孔、带轮的侧面、键槽底面、垫圈接触面等
	微见刀痕	> 10~20		
半光表面	微见加工痕迹	> 5~10	车、铣、镗、刨、钻、锉、粗磨、粗铰	轴上不安装轴承、齿轮处的非配合表面，紧固件的自由装配表面等
		> 2.5~5	车、铣、镗、刨、磨、锉、滚压、电火花加工、粗刮	半精加工表面，箱体、支架、端盖、套筒等与其他零件结合而无配合要求的表面，需要发蓝的表面等
	看不清加工痕迹	> 1.25~2.5	车、铣、镗、刨、磨、刮、滚压、铣齿	接近于精加工表面，齿轮的齿面、定位销孔、箱体上安装轴承的镗孔表面
光表面	可辨加工痕迹的方向	> 0.63~1.25	车、铣、镗、拉、磨、刮、精铰、粗研、磨齿	要求保证定心及配合特性的表面，如锥销、圆柱销、与滚动轴承相配合的轴颈，磨削的齿轮表面，普通车床的导轨面，内、外花键定心表面等
	微辨加工痕迹的方向	> 0.32~0.63	精铰、精镗、磨、刮、滚压、研磨	要求配合性质稳定的配合表面、受交变应力作用的重要零件、较高精度车床的导轨面
	不可辨加工痕迹的方向	> 0.16~0.32	布轮磨、精磨、研磨、超精加工、抛光	精密机床主轴锥孔、顶尖圆锥面、发动机曲轴、凸轮轴工作表面、高精度齿轮齿面

续表

表面特征		$Ra/\mu m$	加工方法	应用举例
极光表面	暗光泽面	> 0.08~0.16	精磨、研磨、抛光、超精车	精密机床主轴颈表面、气缸内表面、活塞销表面、仪器导轨面、阀的工作面、一般量规测量面等
	亮光泽面	> 0.04~0.08	超精磨、镜面磨削、精抛光	精密机床主轴颈表面,滚动导轨中的钢球、滚子和高速摩擦的工作面
	镜状光泽面	> 0.01~0.04		高压柱塞泵中柱塞和柱塞套的配合表面、中等精度仪器零件配合表面
	镜面	≤ 0.01	镜面磨削、超精磨	高精度量仪、量块的工作表面,高精度仪器摩擦机构的支撑表面,光学仪器中的金属镜面

二、R 轮廓参数（表面粗糙度参数）的检测

常用的检测表面粗糙度的方法有比较法和仪器检测法两种。检测表面粗糙度要求不严的表面时，通常采用比较法；检测精度较高，要求获得准确评定参数时，则需采用专业仪器检测表面粗糙度参数。

1. 比较法

比较法是指将被测表面与标准粗糙度样块进行比较，用目测和手摸的感触来判断表面粗糙度参数的一种检测方法。表面粗糙度比较样块如图 3-30 和图 3-31 所示。这种方法简便易行，适于在车间现场使用，但其评定的可靠性在很大程度上取决于检测人员的经验，往往误差较大。比较时还可以借助放大镜、比较显微镜等工具，以减少误差，提高判断的准确性。采用比较法检测零件表面粗糙度参数的步骤如表 3-8 所示。

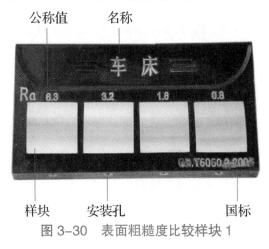

图 3-30 表面粗糙度比较样块 1

图 3-31 表面粗糙度比较样块 2

表 3-8 采用比较法检测零件表面粗糙度参数的步骤

步骤	内容	参数要求
1	将被检验表面与表面粗糙度比较样块进行对比	
2	视觉法：用肉眼从各个方向观察比较，根据两个表面反射光线的强弱和色彩，判断其与表面粗糙度比较样块中哪一块比较吻合。比较时应使表面粗糙度比较样块与被检验表面的加工纹理方向保持一致	
3	触摸法：用手指抚摸被检验表面和表面粗糙度比较样块的工作面，凭触感来判断两者的吻合度	
4	相吻合的比较样块的表面粗糙度值即为被检验表面的表面粗糙度参数值	

1）检测原理

使用表面粗糙度比较样块进行比较时，表面粗糙度比较样块和被测提取零件表面的材质、加工工艺（如车、镗、刨、端铣、平磨、研磨等）应尽可能一致，这样可以减小检测误差，提高判断准确性。

2）检测方法

表面粗糙度比较样块与零件靠近在一起，当用目测无法确定时，可以结合手的触摸或者使用放大镜来观察，以表面粗糙度比较样块工作面上的表面粗糙度为标准，观察、比较被测提取表面是否达到相应比较样块的表面粗糙度，从而判定被测提取零件表面粗糙度是否符合规定。

3）表面粗糙度样块规格

表面粗糙度样块规格有（单位为 μm）：磨，0.025、0.05、0.1、0.2、0.4、0.8、1.6、3.2；镗，0.4、0.8、1.6、3.2、6.3、12.5；铣，0.4、0.8、1.6、3.2、6.3、12.5；插刨，0.4、0.8、1.6、3.2、6.3、12.5、25。

2. 仪器法

（1）光切法是利用"光切原理"（即光的反射原理）来测量零件表面粗糙度的测量方法。常用的仪器是光切显微镜，又称双管显微镜，适宜测量车、铣、刨或其他类似加工方法所加工的零件平面或外圆表面。光切显微镜主要用于测量零件加工表面的微观不平度，测量范围一般为 0.8~100 μm。对于零件内表面，可用印模法复制表面成模型，然后再用光切法测量出表面粗糙度参数 Rz。双管显微镜的外形和结构如图 3-32 所示。

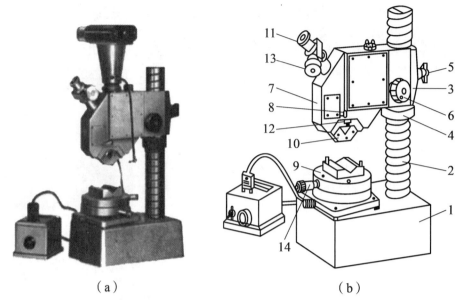

（a）　　　　　　　　　　（b）

图 3-32　双管显微镜的外形和结构

（a）外形；（b）结构

1—底座；2—立柱；3—横臂；4—粗调螺母；5—横臂紧固螺钉；6—微调手轮；7—壳体；

8—手柄；9—工作台；10—可换物镜组；11—目镜；12—燕尾；13—目镜千分尺；14—横向移动千分尺

（2）双管显微镜主要用于测量轮廓最大高度 Rz，Rz 的测量范围为 0.8~80 μm。双管显微镜有 4 组可换物镜组，如表 3-9 所示。

表 3-9　双管显微镜的参数

物镜放大倍数	7	14	30	60
视场直径 /mm	2.5	1.3	0.6	0.3
Rz 测量范围 /μm	10~80	3.2~20	1.6~6.3	0.8~3.2
目镜套筒分度值 /μm	1.26	0.63	0.294	0.145

（3）双管显微镜的测量原理如图 3-33 所示。

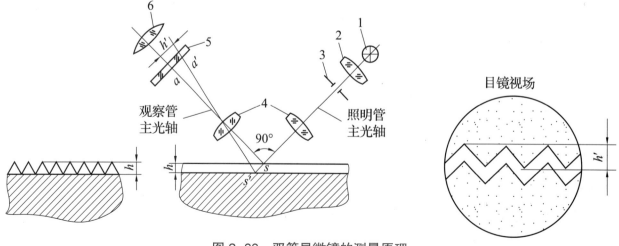

图 3-33　双管显微镜的测量原理

1—光源；2—聚光镜；3—狭缝；4—物镜；5—分划板；6—目镜

3. 针描法

针描法的工作原理是利用金刚石触针在被测表面上等速缓慢移动，被测表面的微观不平度将使触针做垂直方向的上下移动，该微量移动通过传感器转换成电信号，并经过放大和处理，得到被测参数的相关数值。

按针描法原理设计制造的表面粗糙度测量仪器通常称为轮廓仪。根据转换原理的不同，有电感式轮廓仪、电容式轮廓仪、电压式轮廓仪等。轮廓仪可测 Ra、Rz、Rsm 及 $Rmr（c）$ 等多个参数。除轮廓仪外，还有光学触针轮廓仪，适用于非接触测量，可以防止划伤零件表面。这种仪器通常直接显示 Ra 值，其测量范围为 0.025~6.3 μm。电动轮廓仪结构如图 3-34 所示，感触式表面粗糙度仪如图 3-35 所示。

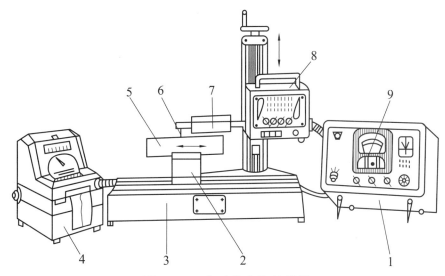

图 3-34　电动轮廓仪的结构

1—电箱；2—V形块；3—工作台；4—记录器；5—工件；6—触针；7—传感器；8—驱动箱；9—指示表

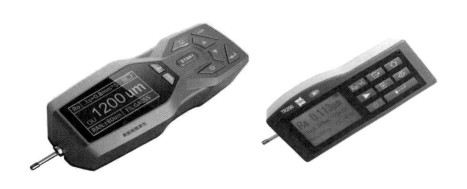

表面粗糙度测量仪简介

便携表面粗糙度测量仪检测表面粗糙度方法

图 3-35　感触式表面粗糙度仪

4. 印模法

在实际测量中，常会遇到深孔、盲孔、凹槽、内螺纹等既不能使用仪器直接测量，也不能使用样板比较的表面，这时常用印模法。印模法是利用一些无流动性和弹性的塑性材料（如石蜡等）贴合在被测表面上，将被测表面的轮廓复制成模，然后测量印模，从而来评定被测表面的粗糙度。

5. 光波干涉法

光波干涉法是利用光波的干涉原理测量表面粗糙度的方法。常用的仪器是干涉显微镜，适宜测量粗糙度参数 Rz，测量范围为 0.05~0.8 μm，如图 3-36 所示。

图 3-36　干涉显微镜

先将传感器搭放在被测提取零件的表面上，然后启动仪器进行测量，由仪器内部的精密驱动机构带动传感器沿被测提取零件表面做等速直线滑行，传感器通过内置的锐利触针感受被测提取零件的表面粗糙度。

巩固练习

（1）表面粗糙度对零件的使用性能有哪些影响？

（2）评定表面粗糙度的参数有哪些？分别论述其含义和代号。

（3）常用的检测表面结构参数的方法有哪些？

项 目 小 结

（1）认识表面粗糙度概念、表面结构的图形符号及标注方法，是正确标注表面粗糙度要求的前提。

（2）能够运用所学知识，读懂图样上的表面粗糙度含义和正确标注表面粗糙度要求。

（3）根据图中各表面相应的表面粗糙度要求，在车间的生产环境下，方便、快捷、合理地检测该零件各表面值。

知识拓展

精密表面粗糙度检测仪器

随着电子技术的发展，利用光电、传感、微处理器、液晶显示等先进技术制造的各种表面粗糙度测量仪在生产中的应用越来越广泛。各种感触式微控表面粗糙度测量仪，在测量表面粗糙度时，一般都可直接显示被测表面实际轮廓的放大图形和多项粗糙度特性参数数值，有的还具有打印功能，可将测得参数和图形直接打印出来。

图 3-37 所示为三丰 SJ-410 便携式表面粗糙度测量仪，可以测量各种表面的粗糙度、波纹度和细微形状，配备了大型触摸屏彩色液晶显示器，实现直观操作和易用性。它可以根据测量条件，在有轨测量和无轨测量方式间切换，以进行优化评估，显示器和驱动器具有宽范围和高分辨力，在同类产品中能完成更高精度的测量，支持无轨测量时的弧形表面补偿功能，使它能有效地评价圆柱体表面粗糙度。

可以使用收集到的点群数据分析表面粗糙度，也可以简易地进行轮廓形状解析，符合 JIS、ISO、ANSI、VDA 等多种标准，并提供 46 个粗糙度参数，可以通过 USB 接口或 RS-23 接口将测量数据输出外部 PC 或打印机，如图 3-38 所示。

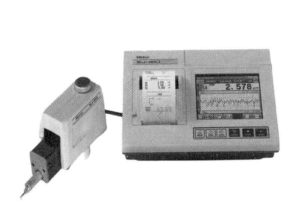

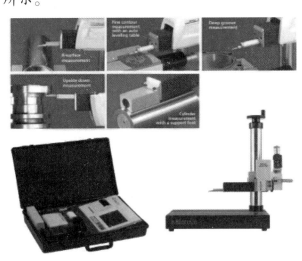

图 3-37 三丰 SJ-410 便携式表面粗糙度测量仪　　图 3-38 表面粗糙度测量仪直接打印结果图

三丰 SJ-410 便携式表面粗糙度测量仪在实际应用中有很多场景，在汽车制造行业，它可以用来检测发动机零件、变速器零件、轴承零件等的表面粗糙度，以保证其性能和耐久性；在医疗卫生行业，它可以用来检测人工关节、牙科植入物、手术刀等的表面粗糙度，以保证其生物相容性和抗菌性；在航空航天行业，可以用来检测飞机零件、火箭零件、卫星零件等的表面粗糙度，以保证其抗腐蚀性和抗疲劳性；在能源行业，它可以用来检测核电站零件、风力发电机零件、太阳能电池板等的表面粗糙度，以保证其安全性和效率。

周建民：较劲毫厘　匠心筑梦

　　提起周建民，在全国兵器行业里可以说无人不知、无人不晓。从事量具钳工 40 年来，靠着持之以恒的毅力、精益求精的态度、勇于创新的精神，他从中国兵器工业集团淮海工业集团的一名普通工人，成为全国劳动模范、全国"五一劳动奖章"、中国兵器首席技师、全国优秀共产党员、2021 年"大国工匠年度人物"等众多荣誉称号的获得者。

　　"做量具比绣花还细。我们生产一件产品，往往需要上千套量具去检测，这些量具的精度要求极高，基本上都在微米级，相当于一根头发丝的 1/60。"在淮海工业集团"周建民国家级技能大师工作室"，周建民正在研磨加工一量具中的定位块，如图 3-39 所示。

图 3-39　周建民

　　量具是产品的"先行官"。周建民生产的专用量具，大多用来检测军工零件是否符合标准。如果量具不过关，几乎不可能生产出合格的产品。凭着多年刻苦钻研，周建民练就了一手绝活——纯手工可进行微米级按压研磨，也就是不用任何机器设备，全凭眼看、耳听和手感，就能把量具的误差控制在毫厘之间。从 1982 年进厂至今，周建民共完成 1.6 万余套专用量具生产制造，没有出现一次质量问题，成为山西省荣获中国质量奖个人提名奖的第一人。

测量工具与零件尺寸测量

项目概述

　　零件尺寸测量是制造工艺中不可或缺的环节，选用适合的测量工具，采取科学的测量方法和正确的操作步骤，对各种零件尺寸参数进行测量和检验，获得数据，保证零件产品质量和实现互换性生产。通过本项目的学习，熟悉各种常用测量器具的读数和使用方法，掌握零件的测量方法和步骤。图 4-1 所示为项目四的思维导图。

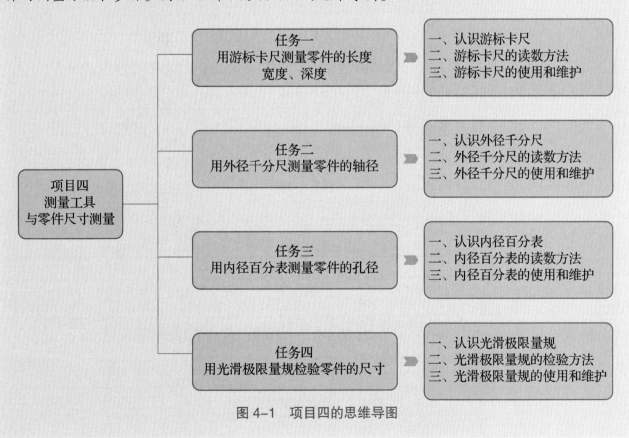

图 4-1　项目四的思维导图

任务一   用游标卡尺测量零件的长度、宽度、深度

任务目标

（1）形成岗位的基本工作规范，具有执着专注、一丝不苟、精益求精的工匠精神。

（2）掌握游标卡尺读数、使用方法及维护保养。

（3）能够正确运用游标卡尺测量机械零件的长度、宽度和深度尺寸，判据合格性。

任务导入

尺寸公差是机械零件制造和检验的重要依据，保证尺寸公差的前提是正确的测量尺寸。游标卡尺是一种应用广泛的量具，准确地测量能得到精确结果。图4-2所示为燕尾板零件图，本任务要求学生学习知识链接的内容，掌握游标卡尺的使用方法和测量步骤，对加工后的燕尾板长度、宽度、深度进行尺寸测量。

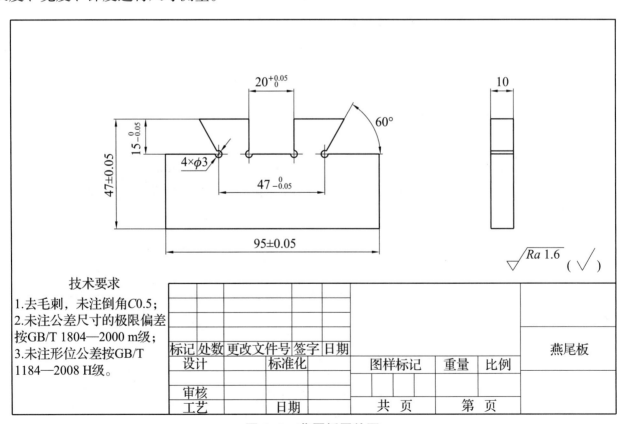

图4-2   燕尾板零件图

知识链接

一、认识游标卡尺

1. 游标卡尺的结构

游标卡尺是最常用的中等测量精度的量具，是由主尺（尺身）及能在尺身上滑动的副尺（游标）等组成的，如图 4-3 所示。

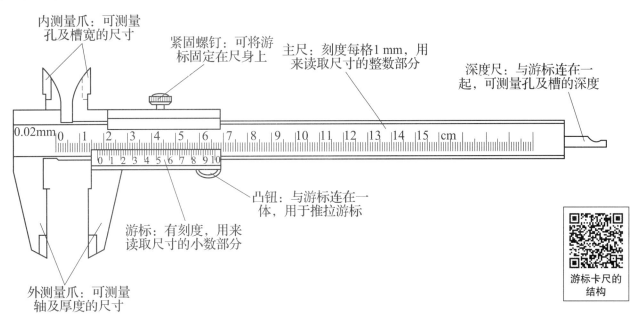

内测量爪：可测量孔及槽宽的尺寸

紧固螺钉：可将游标固定在尺身上

主尺：刻度每格 1 mm，用来读取尺寸的整数部分

深度尺：与游标连在一起，可测量孔及槽的深度

凸钮：与游标连在一体，用于推拉游标

游标：有刻度，用来读取尺寸的小数部分

外测量爪：可测量轴及厚度的尺寸

游标卡尺的结构

图 4-3　游标卡尺结构示意图

2. 游标卡尺的测量

一般可用来测量工件的长度、深度、宽度、台阶高度、外径、内径等，外测量爪测量外径，内测量爪测量内径，深度尺测量深度，如图 4-4~ 图 4-7 所示。

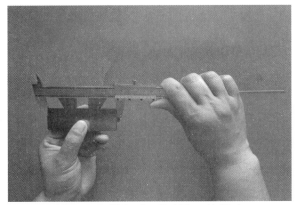

图 4-4　游标卡尺测量工件长度

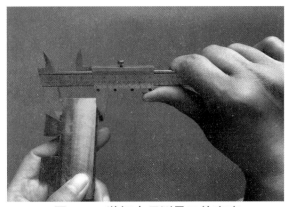

图 4-5　游标卡尺测量工件宽度

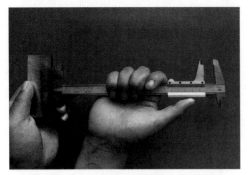

图 4-6　游标卡尺测量工件深度

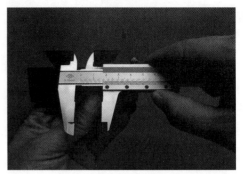

图 4-7　游标卡尺测量工件内表面尺寸

3. 游标卡尺的分度值

按分度值的不同，常用游标卡尺有 0.02 mm、0.05 mm、0.10 mm 三种规格，游标上每格刻度值分别为 0.02 mm、0.05 mm、0.10 mm，如表 4-1 所示。

表 4-1　三种分度游标卡尺对照表

刻度格数 （分度）	刻度总长度 /mm	每小格与 1 mm 的差值 /mm	精确度（可准确到） /mm
10	9	0.10	0.10
20	19	0.05	0.05
50	49	0.02	0.02

4. 量程

量程可分为 0~125 mm、0~150 mm、0~200 mm、0~300 mm、0~500 mm 等多种规格。

二、游标卡尺的读数方法

1. 刻线原理

游标卡尺刻线原理是利用主尺刻线间距与游标刻线间距的间距差实现的，分度值为 0.02 mm、0.05 mm、0.10 mm，如表 4-2 所示。

表 4-2　游标卡尺的分度值

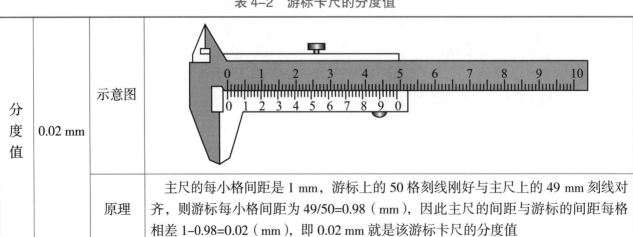

分度值	0.02 mm	示意图	
		原理	主尺的每小格间距是 1 mm，游标上的 50 格刻线刚好与主尺上的 49 mm 刻线对齐，则游标每小格间距为 49/50=0.98（mm），因此主尺的间距与游标的间距每格相差 1-0.98=0.02（mm），即 0.02 mm 就是该游标卡尺的分度值

续表

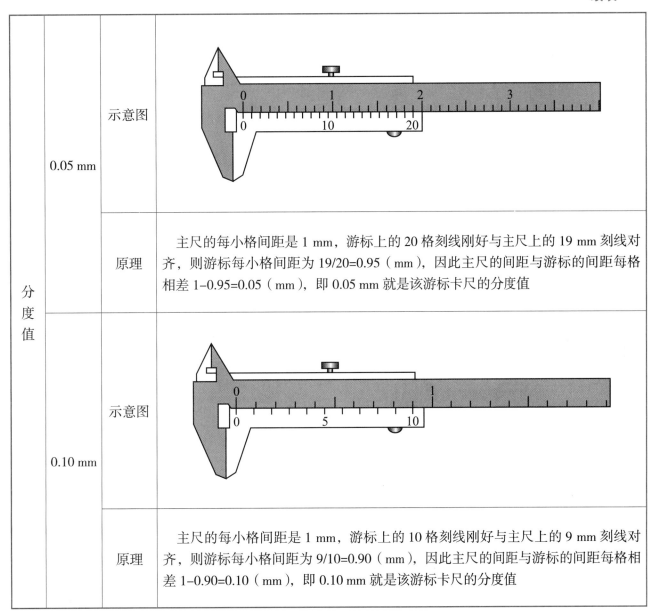

分度值	0.05 mm	示意图	
		原理	主尺的每小格间距是 1 mm，游标上的 20 格刻线刚好与主尺上的 19 mm 刻线对齐，则游标每小格间距为 19/20=0.95（mm），因此主尺的间距与游标的间距每格相差 1-0.95=0.05（mm），即 0.05 mm 就是该游标卡尺的分度值
	0.10 mm	示意图	
		原理	主尺的每小格间距是 1 mm，游标上的 10 格刻线刚好与主尺上的 9 mm 刻线对齐，则游标每小格间距为 9/10=0.90（mm），因此主尺的间距与游标的间距每格相差 1-0.90=0.10（mm），即 0.10 mm 就是该游标卡尺的分度值

2. 读数步骤

第一步：读整数值。看游标零线的左边，主尺尺身上最靠近的一条刻线的数值，读出被测尺寸的整数部分，如图 4-8 所示①游标零线的左侧，主尺数值刻线整毫米值是 11 mm。

第二步：读小数值。找主尺尺身上数值刻线和游标上格数刻线对齐的标尺线，如图 4-8 所示②看游标零线的右边，数出游标第几条格数刻线与尺身的数值刻线对齐，即读出被测尺寸的小数部分（即游标格数乘以分度值），读小数值：7 格 × 0.02 mm=0.14 mm。

第三步：测量值 = 整数值 + 小数值 =11+0.14=11.14（mm）。

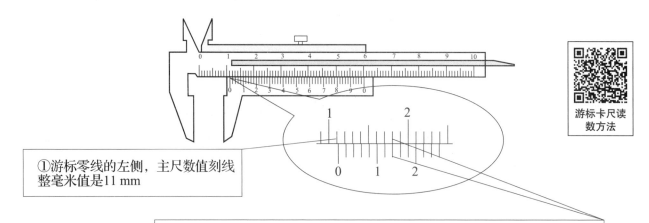

①游标零线的左侧，主尺数值刻线整毫米值是11 mm

②看游标零线的右边，数出游标第几条格数刻线与尺身的数值刻线对齐，即读出被测尺寸的小数部分（即游标格数乘以分度值）

图 4-8　游标卡尺读数方法

游标卡尺读数技巧口诀			
看明游标几分度	1除分度是精度	主尺读至整毫数	找准主游对齐处
数出条数乘精度	统一毫米主加游	算出尾零不可丢	看清单位再出手

三、游标卡尺的使用和维护

（1）使用前，先将游标卡尺的测量面用软布擦干净；拉动游标，应滑动灵活、无卡死，紧固螺钉能正常使用；两个测量爪合拢后应密不透光，游标零线应与尺身零线对齐，否则将予以校正，应在测量后根据原始误差修正读数，如图 4-9 所示。

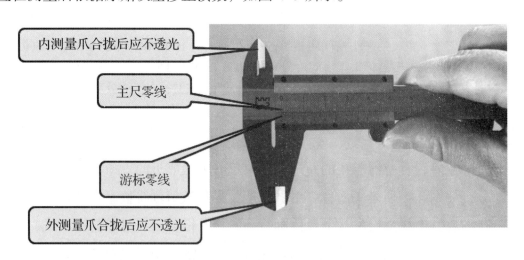

内测量爪合拢后应不透光

主尺零线

游标零线

外测量爪合拢后应不透光

图 4-9　游标卡尺校准零线

（2）使用时，右手拿住尺身，左手先拧松紧固螺钉，大拇指移动游标，左手拿待测外径（或内径）的物体，使待测物位于内外测量爪之间；内外测量爪与被测工件接触位置规范及不规范操作，如图 4-10 和图 4-11 所示；游标卡尺两测量面的连线应垂直于被测量表面，不能歪斜，如图 4-12 所示；读数时，视线应与尺面垂直，如需固定读数，用紧固螺钉将游标固定在尺身上。

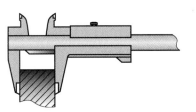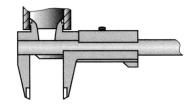

图 4-10　游标卡尺测量爪与工件接触位置规范操作

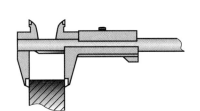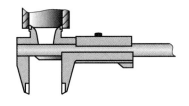

图 4-11　游标卡尺测量爪与工件接触位置不规范操作

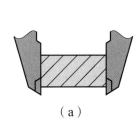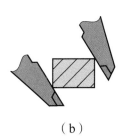

（a）　　　　　　　　　　　　（b）

图 4-12　游标卡尺两测量面的连线应垂直于被测量表面
（a）正确；（b）错误

（3）使用完毕后，测量爪合拢，以免深度尺露在外边，产生变形或折断；测量结束后把游标卡尺平放，以免引起尺身弯曲变形；游标卡尺使用完毕，擦净并放置在专用盒内；如果长时间不用，要涂油保存，防止弄脏或生锈。

巩固练习

（1）读出下面图示游标卡尺的测量值：

①用游标卡尺测量一工件的长度，如图 4-13 所示读数值是_____。

图 4-13　测量工件长度

②用游标卡尺测量一工件的宽度，如图 4-14 所示读数值是_____。

图 4-14　测量工件宽度

③用游标卡尺测量一槽的深度，如图4-15所示读数值是_____。

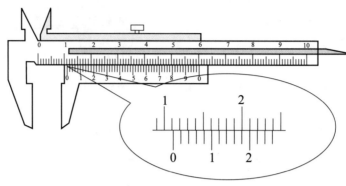

图4-15　测量槽深度

（2）简述游标卡尺的使用方法和维护保养。

 **用外径千分尺测量零件的轴径**

任务目标

（1）具有执着专注、团结协作的精神。

（2）掌握外径千分尺读数方法和使用方法。

（3）能够正确运用外径千分尺测量零件轴径，判据合格性。

任务导入

轴类零件在机械工程中得到广泛应用，轴径尺寸是否符合要求，影响机器结构与运行稳定性等，因此，必须根据轴径尺寸精度要求正确选择测量工具，对其尺寸进行检测、控制。如图4-16所示为轴套零件图，本任务要求学生学习知识链接的内容，掌握外径千分尺的使用方法和测量步骤，对加工后的轴套外径进行尺寸测量。

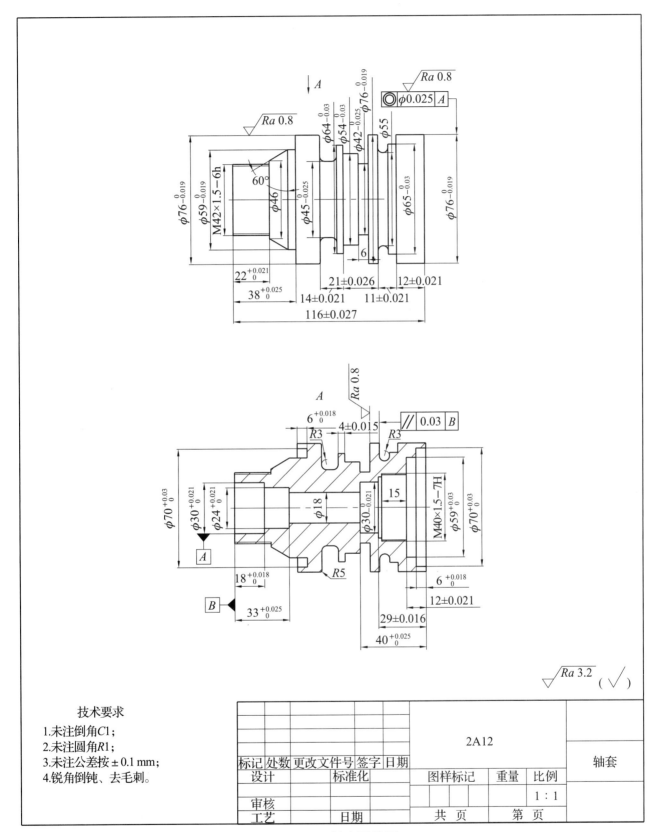

技术要求
1. 未注倒角C1；
2. 未注圆角R1；
3. 未注公差按±0.1 mm；
4. 锐角倒钝、去毛刺。

						2A12				轴套
标记	处数	更改文件号	签字	日期						
设计			标准化			图样标记		重量	比例	
审核									1：1	
工艺			日期			共　页		第　页		

图 4–16　轴套零件图

知识链接

一、认识外径千分尺

1. 外径千分尺的结构

外径千分尺是一种精密的测微量具，常用分度值为 0.01 mm。外径千分尺的结构由弓形尺架、测砧、测微螺杆、固定套筒、微分筒、测力装置、锁紧装置等组成，如图 4-17 所示。

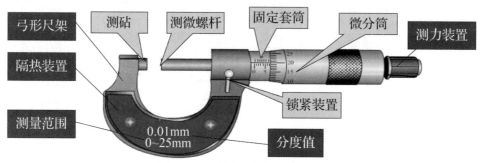

图 4-17　外径千分尺的结构

2. 外径千分尺的测量范围

测量或检验零件的外径、内径（内径千分尺）、凸肩厚度以及板厚或壁厚等（测量孔壁厚度的千分尺，其测量面呈球弧形）。

3. 外径千分尺规格

外径千分尺规格：0~25 mm、25~50 mm、50~75 mm、75~100 mm、100~125 mm 等。

二、外径千分尺的读数方法

1. 刻线原理

在外径千分尺的固定套筒上刻有轴向基准中线，作为微分筒读数的基准线。在轴向基准中线的上下两侧，刻有两排刻线，每排刻线的间距为 1 mm，上下两排刻线相互错开 0.5 mm；测微螺杆螺距为 0.5 mm，即微分筒转一圈时，测微螺杆就沿轴向移动 0.5 mm；微分筒圆锥面上共刻有 50 格，因此微分筒每转一格，测微螺杆就移动 0.5/50=0.01（mm），外径千分尺的分度值为 0.01 mm，如图 4-18 所示。

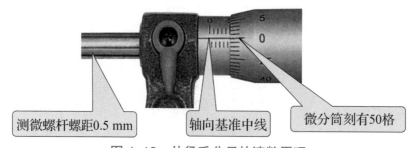

图 4-18　外径千分尺的读数原理

2. 读数步骤

第一步：读固定套筒整毫米数（从微分筒的边缘向左看固定套筒轴向基准中线下面的刻线，固定套筒上距微分筒最近的一条刻线的数值）3 mm。

第二步：读固定套筒半毫米数 0.5 mm（固定套筒整毫米刻线与微分筒边缘之间轴向基准中线上面的那条刻线，即 0.5 mm）。

第三步：读小数（微分筒与固定套筒轴向基准中线对齐的刻线格数 36 格 ×0.01 mm=0.36 mm），如图 4-19 所示。

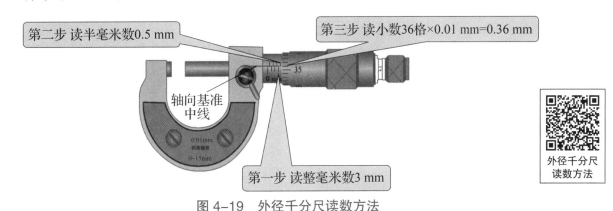

图 4-19 外径千分尺读数方法

第四步：读数值 = 整毫米数 + 半毫米数 + 小数 =3+0.5+0.36=3.86（mm）。

外径千分尺读数技巧口诀
转筒左缘相邻固筒刻线　读固筒数刻线值整毫米
固筒整数线转筒左缘间　读固筒基准线侧半毫米
看明微分筒格数刻线值　冲齐固筒基准线读小数

三、外径千分尺的使用和维护

（1）使用前，校对零位。擦净被测表面和外径千分尺两个测砧面，检查微分筒上的零线是否对准固定套筒的轴向基准中线，且微分筒的端面是否正好使固定套筒上的零线露出来，如图 4-20 所示；若位置不对，需要用外径千分尺的专用扳手校准零位，如图 4-21 所示。

图 4-20 外径千分尺校对零位

图 4-21 外径千分尺校准零线

外径千分尺校对零位、校准零线

（2）使用时，左手持外径千分尺隔热垫部分，右手握尺，拇指和食指转动微分筒，如图4-22所示；当测砧表面接近被测零件表面时，改用转动测力装置，如图4-23所示，直到测力装置的棘轮发出两三响"咔咔"声时，即停止转动；测量外径时，测微螺杆要与零件的轴线垂直，不要歪斜，如图4-24所示；在圆柱长度上选择2~3处截面位置测量，确保测量的全面，以减少误差；不能测量转动中的工件，如图4-25所示。

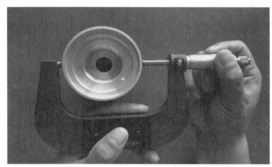

图4-22　外径千分尺测量时转动微分筒

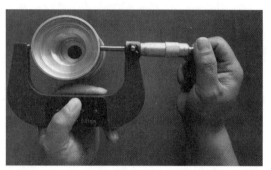

图4-23　外径千分尺测量时转动测力装置

图4-24　外径千分尺测微螺杆轴线垂直于零件轴线

图4-25　外径千分尺不能测量转动中的工件

（3）使用完毕后，应将外径千分尺两测砧擦拭干净，涂油并放入量具盒，置于干燥的地方；应注意不要使两个测量面贴合在一起，要稍微分开，以避免锈蚀。

巩固练习

（1）读出下图所示外径千分尺的测量值：

①用外径千分尺测量阶梯轴的轴径，如图4-26和图4-27所示。

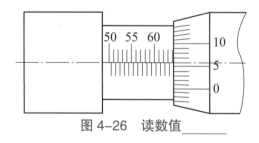

图4-26　读数值_____

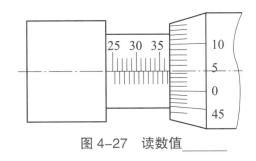

图 4-27 读数值_____

②用外径千分尺测量台阶轴的轴径，如图 4-28 和图 4-29 所示。

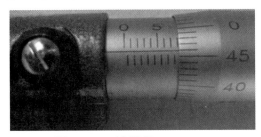

图 4-28 读数值_____

图 4-29 读数值_____

（2）简述外径千分尺的使用方法和维护保养。

任务三 用内径百分表测量零件的孔径

任务目标

（1）具有一丝不苟、精益求精、追求卓越的职业精神和工作态度。

（2）掌握内径百分表读数方法和使用方法。

（3）能够正确运用内径百分表测量零件的孔径，判据合格性。

任务导入

零件内部孔较深，而游标卡尺的测量爪和千分尺的测砧较短，无法测量，内径百分表适合测量深孔和精度等级较高的孔。如图 4-30 所示为轴套零件图，本任务要求学生学习知识链接的内容，掌握内径百分表的使用方法和测量步骤，对加工后轴套的内径进行尺寸测量。

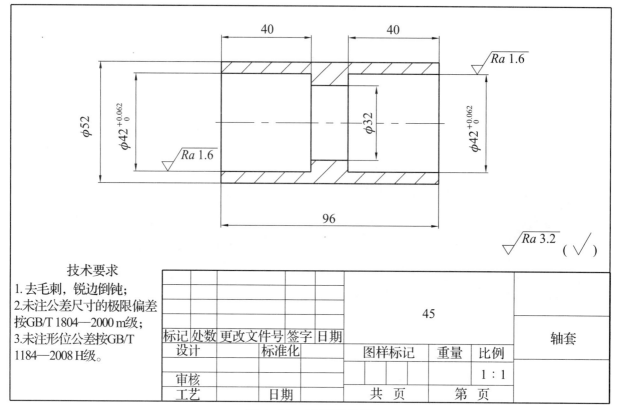

图 4-30　轴套零件图

知识链接

一、认识内径百分表

1.百分表的结构

百分表是一种应用最广泛的指示式机械量仪，主要用于测量工件的尺寸、形状和位置误差，也可用于检验机床的几何精度或调整工件的装夹位置偏差。

百分表的示值范围有 0~3 mm、0~5 mm、0~10 mm 等多种，分度值为 0.01 mm。

（1）钟表式百分表触动测头，大指针、小指针可转动；转动表圈，表盘可转动，如图 4-31 所示。

（2）内径百分表是内量杠杆式测量架和百分表的组合，如图 4-32 所示。采用比较测量方法测量或检验零件的内孔、深孔直径及其形状精度，只能测出

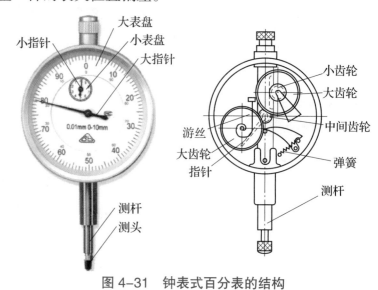

图 4-31　钟表式百分表的结构

相对数值，不能测出绝对数值，其结构如图 4-33 所示，其测量方式如图 4-34 所示。

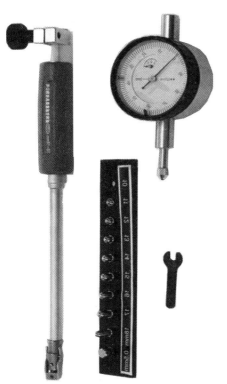

图 4-32　内径百分表结构分解

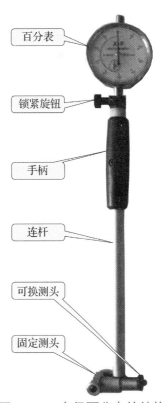

图 4-33　内径百分表的结构

图 4-34　内径百分表的测量方式

二、内径百分表的读数方法

1. 读数原理

百分表大表盘刻度分为 100 格，大指针回转一圈即 1 mm 的移动量，所以大表盘的每一格为 0.01 mm，它的精度就为 0.01 mm。小表盘中的小指针每移动一格为 1 mm。当测头每移动 0.01 mm 时，大指针偏转 1 格；当测头每移动 1 mm 时，大指针偏转 1 周，小指针偏转 1 格，如图 4-35 所示。

图 4-35　百分表读数原理

2. 读数步骤

第一步：读整数，在小表盘上读出整数。该表小指针对应的整数值为 1 mm。

第二步：读小数。以零位线为基准，读出大指针与大表盘上哪一条刻线对齐，用该刻线的格数乘以百分表的分度值，小数部分为 65 格 × 0.01 mm=0.65 mm，如图 4-36 所示。

第三步：求和，将整数和小数相加，即被测尺寸数值，故 1+0.65=1.65（mm）。

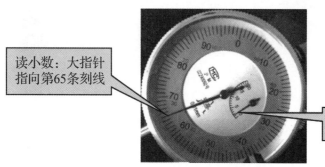

读小数：大指针指向第65条刻线

读整数：小指针在整数刻线1和2之间

图 4-36　百分表读数方法

内径百分表读数技巧口诀
小指针转过刻线读整毫米　　大指针转过的刻线读小数
表针指向零位右边为负数　　表针指向零位左边为正数

三、内径百分表的使用和维护

（1）使用前，检查表盘及零部件是否完好，用外径千分尺调整零位，如图 4-37 所示。注意：内径百分表测量孔径是一种相对的测量方法，测量前应根据被测孔径的尺寸大小，在环规（图 4-38）上调整好尺寸后才能进行测量，如图 4-39 所示；使用前必须根据被测工件尺寸，选用相应尺寸的测头，安装在内径百分表上，夹紧力不宜过大，并且要有一定的预压缩量（一般为 1 mm 左右）。

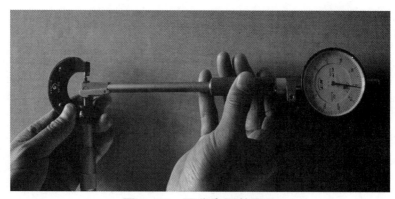

图 4-37　百分表调整零位

图 4-38 环规

图 4-39 内径百分表在环规上调整尺寸

（2）使用时，一手握住上端手柄，另一手握住下端活动测头，倾斜一个角度，把测头放入被测孔内，然后握住上端手柄，左右摆动表架，找出表的最小读数值，即"拐点"值；该点的读数值就是被测孔径与调零孔径之差；要注意测杆的中心线应与零件中心线平行，不得歪斜；不要使活动测头受到剧烈振动，如图 4-40 所示；调整及测量中，内径百分表的测头应与环规及被测孔径轴线垂直，即在径向找最大值，在轴向找最小值；内径百分表测量轴线应与工件被测水平方向一致，不要斜着测量，读数时视线应与表盘垂直，避免产生视觉误差。

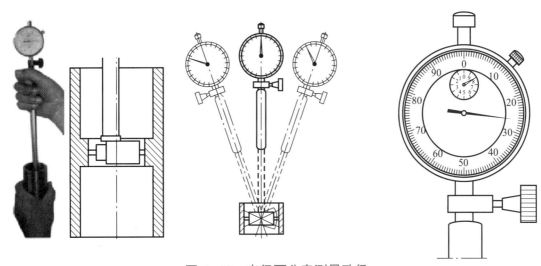

图 4-40 内径百分表测量孔径

（3）使用完毕后，要摘下百分表，使表解除其所有负荷，让测杆处于自由状态，把百分表和可换测头取下擦净，成套保存于盒内，避免丢失与混用。注意：远离液体，不使冷却液、切削液、水或油与内径百分表接触，禁止在零件有溶液的时候进行测量。

巩固练习

（1）内径百分表测量孔径，读出如图 4-41、图 4-42 所示测量值。

图 4-41 读数值_____

图 4-42 读数值_____

（2）简述内径百分表的使用方法和维护保养。

任务四　用光滑极限量规检验零件的尺寸

任务目标

（1）具有职业岗位、敬业、精益、创新的精神。

（2）掌握光滑极限量规检验方法和使用方法。

（3）能够正确运用光滑极限量规测量、检验机械零件的尺寸，判据合格性。

任务导入

　　光滑极限量规是一种没有刻度的检测孔、轴的专用工具，只能判断工件是否合格，用它检验工件既简便又迅速，并能保证互换性，因此，光滑极限量规在机械制造中得到广泛应用。学校实习车间有一大批 L 形板零件上的内孔需要检验，L 形板零件图如图 4-43 所示。本任务要求学生学习知识链接的内容，掌握光滑极限量规的使用方法和测量步骤，对加工后 L 形板的外径和内孔进行检验。

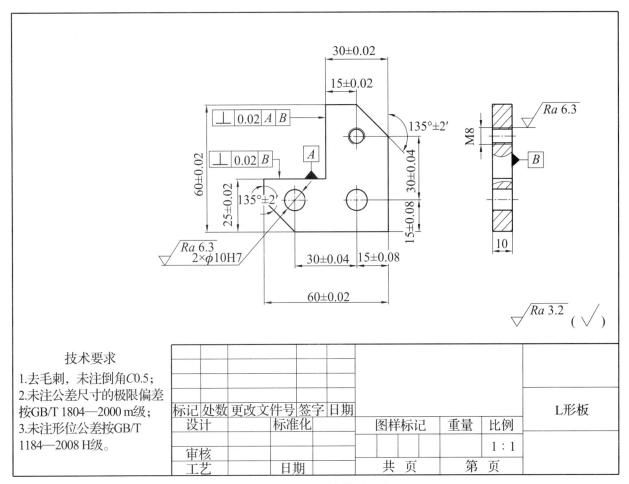

图 4-43　L 形板零件图

技术要求

1.去毛刺，未注倒角C0.5；
2.未注公差尺寸的极限偏差按GB/T 1804—2000 m级；
3.未注形位公差按GB/T 1184—2008 H级。

标记	处数	更改文件号	签字	日期					L形板
设计		标准化			图样标记		重量	比例	
								1∶1	
审核									
工艺		日期			共　页		第　页		

知识链接

一、认识光滑极限量规

根据工作性质不同，可以将光滑极限量规分为轴用量规和孔用量规。光滑极限量规就是一种没有刻度的专用量具，不能测量工件的实际尺寸，只能判断工件合格与否。

1.塞规

塞规，如图 4-44 和图 4-45 所示，是孔用光滑极限量规，有通端（根据孔的下极限尺寸确定，用字母 T 表示）和止端（根据孔的上极限尺寸确定，用字母 Z 表示）。

图 4-44　塞规结构

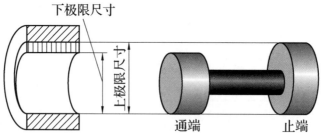

图 4-45　塞规两极限尺寸

2. 卡规

卡规是轴用光滑极限量规，也有通端（根据轴的上极限尺寸确定，用字母 T 表示）和止端（根据轴的下极限尺寸确定，用字母 Z 表示），如图 4-46 所示。常用卡规有单头卡规（图 4-47）和双头卡规（图 4-48）两种。双头卡规的通端和止端分别在两头，其测量面为两平行面；单头卡规的通端和止端在一头，通端在外侧，止端在内侧。

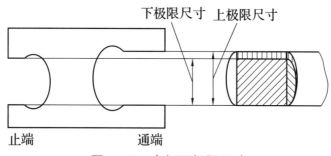

图 4-46　卡规两极限尺寸

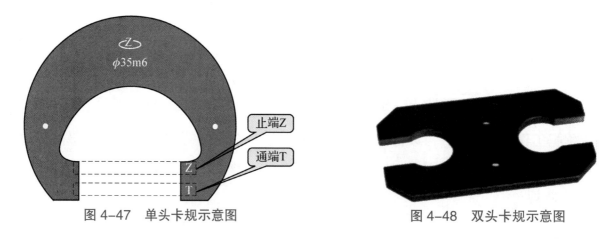

图 4-47　单头卡规示意图　　　　　图 4-48　双头卡规示意图

二、光滑极限量规的检验方法

国家标准规定，光滑极限量规用于检验公称尺寸小于或等于 500 mm、公差等级为 IT6~IT16 级的轴和孔。

1. 孔用光滑极限量规（塞规）

塞规，一般长端为通端，用于控制被测孔的下极限尺寸；短端为止端，用于控制被测孔的上极限尺寸，如图 4-49 所示。检验孔时，通端过（图 4-50）、止端止（图 4-51），即表示该孔符合公差要求。

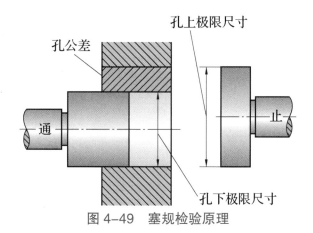

图 4-49 塞规检验原理

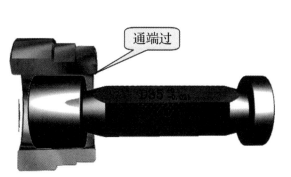

图 4-50 塞规检验方法（通端过）　　　　　图 4-51 塞规检验方法（止端止）

2. 轴用光滑极限量规（卡规）

卡规，其中一头为"通端"，另一头为"止端"，如图 4-52 所示。检验时，通端通过，表示轴径小于上极限尺寸；止端不能通过，表示轴径大于下极限尺寸，可判断零件该处尺寸合格，如图 4-53 所示。

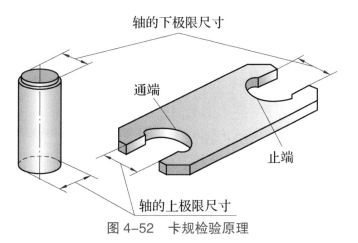

图 4-52 卡规检验原理

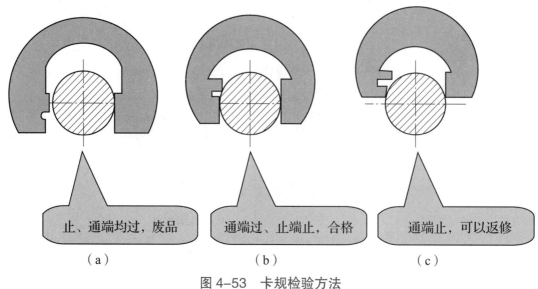

（a）止、通端均过，废品　　（b）通端过、止端止，合格　　（c）通端止，可以返修

（a）　　　　　　　　　（b）　　　　　　　　　（c）

图 4-53　卡规检验方法

（a）废品；（b）合格；（c）返修

光滑极限量规检验技巧口诀

塞规通端通止端止合格径孔　尺寸大于下极限小于上极限

卡规通端过止端止合格轴径　尺寸大于下极限小于上极限

三、光滑极限量规的使用和维护

1. 用塞规检验孔

（1）保证塞规轴线与被测零件孔轴线同轴，以适当接触力接触，通端可自由进入孔内，如图 4-54 和图 4-55 所示。用全型塞规检验垂直位置的零件孔，应从上面检验，凭塞规自身质量，让通规滑进孔中。

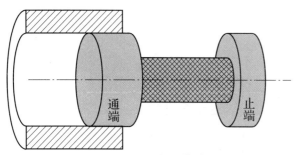

图 4-54　用塞规检验孔

（通端进入零件孔内）

图 4-55　用塞规检验 L 形板工件

（通端进入零件孔内）

塞规检验内孔

（2）止端只允许顶端倒角部分放入孔边，而不能全部塞入，如图 4-56 和图 4-57 所示。

（3）塞规不可倾斜塞入孔中，不可强推、强压，通端不能在孔内转动。

（4）通端在孔整个长度上检验，止端只需在孔两头检验即可。

因此，该 L 形板内径尺寸合格。

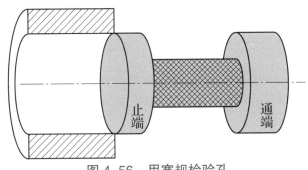

图 4-56　用塞规检验孔
（止端不能进入零件孔内）

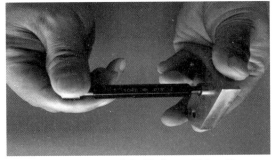

图 4-57　用塞规检验 L 形板工件
（止端不能进入零件孔内）

2. 用卡规检验外圆柱面直径

（1）轻握卡规，卡规测量面与被测轴颈轴线平行，如图 4-58 所示。通端可在零件上滑过，止端只与被测零件接触。

（2）在多个不同截面、不同位置检验，沿轴和围绕轴不少于 4 个位置上进行检验。

（3）不可用力将卡规压在工件表面上。

（4）卡规测量面不得歪斜。

因此，该轴套外径尺寸合格。

卡规和塞规在每次使用后，须立即用清洁软布或细棉纱将表面擦拭干净，涂上一薄层防锈油后，放入专用的盒内，存放在干燥处。

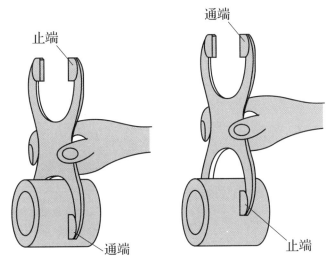

图 4-58　用卡规检验轴套工件

巩固练习

（1）简述轴用和孔用光滑极限量规的检验原理和方法。

（2）简述轴用和孔用光滑极限量规的使用方法。

项目小结

（1）认识游标卡尺、外径千分尺、内径百分表和光滑极限量规的结构和测量检验精度是正确测量的前提。

（2）正确的读数方法是测量器具使用的关键，按照步骤依次读数。

（3）运用游标卡尺、外径千分尺、内径百分表、光滑极限量规的使用方法正确测量零件的长度、宽度、深度、外径、内径尺寸以及检验内外径。

知识拓展

常用电子数显测量器具如表4-3所示。

表4-3 常用电子数显测量器具

类别	名称	示意图	说明
游标卡尺	带表游标卡尺		可以简单地读取测量结果，避免人为造成的读数误差
	数显游标卡尺		把机械读数变成了电子信号，并且直接显示，读数方法简单
千分尺	数显外径千分尺		有球形测量面和平面测量面及特殊形状的尺架，适用于测量管材壁厚的外径千分尺
	数显深度千分尺		数显深度千分尺是利用螺旋副原理，对基面与测杆测量面间分隔的距离进行读数的一种测量器具。可用于工件孔、槽、台阶等深度尺寸的测量

续表

类别	名称	示意图	说明
千分尺	数显三点式内径千分尺	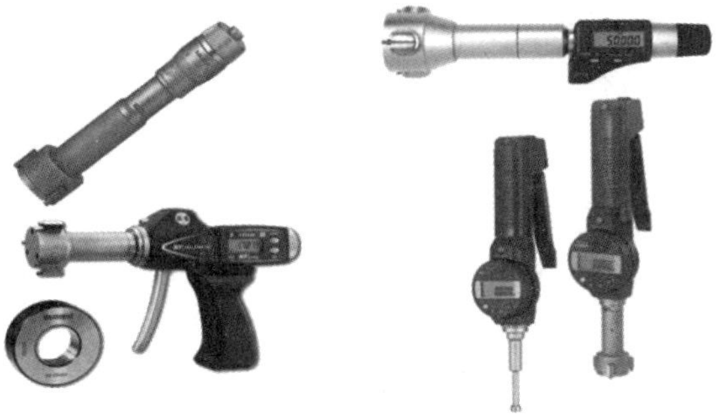	用于精确测量小物体的长度、宽度、厚度等尺寸，其精度一般为 0.01 mm
百分表	电子数显百分表		使用范围广泛，读数直观、可靠

匠心学堂

无惧风雪智能测量珠峰最新高程 8 848.86 m

2020 年 5 月 27 日，中国人又一次登上世界海拔最高的珠穆朗玛峰峰顶，举世瞩目。珠峰见证——一群顽强、乐观、奉献的勇士，以坚韧不拔的意志、拼搏到底的勇气，战高寒、克缺氧、斗风雪，不登顶，誓不休。时代见证——与时间赛跑，与压力抗争，经过两个多月的艰苦拼搏，珠峰高程测量登山队队员成功登顶测量，如图 4-59、图 4-60 所示，标志着 2020 珠峰高程测量取得关键性胜利。

珠峰高程测量综合应用了多种技术手段，包括 GNSS 卫星测量、冰雪探测雷达测量、重力测量、卫星遥感、似大地水准面精化等多种传统和现代测量技术。2005 年珠峰高程测量时，GNSS 卫星测量主要依赖 GPS 系统，而今年的珠峰高程测量行动将同时参考美国 GPS、欧洲伽利略、俄罗斯格洛纳斯和中国北斗这 4 大全球导航卫星系统，并以北斗的数据为主。此外，此次测量运用航空重力测量技术，提升了测量精度。这也是人类首次在珠峰峰顶开展重力测量。特别值得一提的是，此次任务中应用的国产北斗卫星定位接收机、峰顶重力测量仪、雪深雷达、航空重力仪等核心装备，都由我国自主研发。新中国成立以来，我国珠峰高程测量经历了从传统大地测量技术到综合现代大地测量技术的转变。每次珠峰测量，都体现了我国测绘技术的不断进步，彰显了我国测绘技术的最高水平。

图 4-59　2020 珠峰高程测量登山队成功登顶

图 4-60　2020 珠峰高程测量登山队登顶后开展测量工作

项目概述

典型机械零件是机械系统的核心单元，在零件加工制造、装调运行过程中，对机械零件的线性尺寸、几何形状、相互位置和表面粗糙度等参数进行检测，分析判断其误差，通过尺寸管控和数据整合，决策评价产品质量，技术保证零件的标准生产。通过本项目的学习，熟悉轴类和齿轮类零件的使用技术要求，掌握轴类和齿轮类零件技术测量内容和方法。图 5-1 所示为项目五的思维导图。

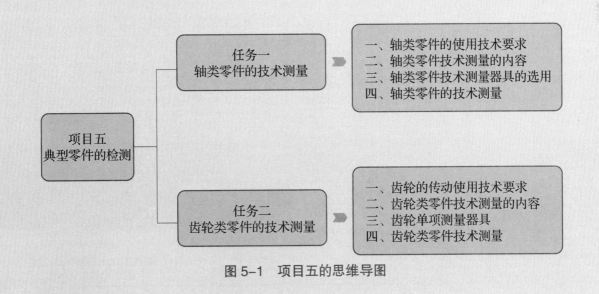

图 5-1　项目五的思维导图

任务一 轴类零件的技术测量

任务目标

（1）具有专业严谨、细致认真的工作精神。

（2）掌握轴类零件使用技术要求、技术测量的内容和方法。

（3）能够正确运用轴类零件的检测方法，测量出工件的各项误差，判据合格性。

任务导入

轴类零件是机械制造业中非常重要的一类非标准零件，主要用来支承旋转零件、传递转矩以及保证装在轴上零件具有一定回转精度和互换性，它的参数精确与否将直接影响装配精度和产品合格率。如图 5-2 所示为后轴零件图，本任务要求学生学习知识链接的内容，掌握轴类零件的使用技术要求和检测方法，对加工后后轴的线性尺寸偏差、几何形状公差、位置公差和表面粗糙度误差进行检测。

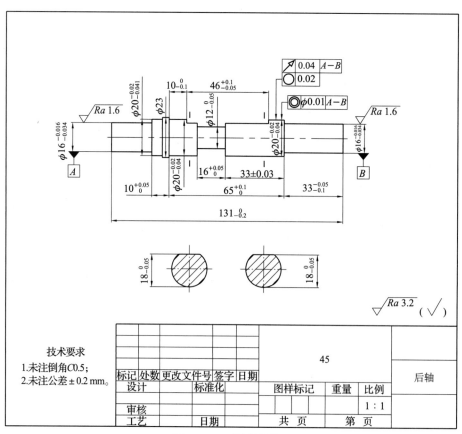

图 5-2 后轴零件图

一、轴类零件的使用技术要求

（1）尺寸精度：主要包括直径和长度尺寸等。轴颈分为两类：一类是与轴承的内圈配合的外圆轴颈，即支承轴颈，尺寸精度要求较高，一般为 IT5~IT7 级；另一类是与各类传动件配合的轴颈，即配合轴颈，其精度稍低，常为 IT6~IT9 级。

（2）几何形状精度：主要包括圆度、圆柱度、直线度、平面度等。

（3）位置精度：主要包括同轴度、平行度、垂直度、对称度、径向圆跳动、端面圆跳动、径向全跳动、端面全跳动等。

（4）表面粗糙度精度：轴的加工表面都有粗糙度的要求，依照加工的可能性和经济性来确定。

二、轴类零件技术测量的内容

1. 线性尺寸偏差

线性尺寸偏差的误差特性是指零件的实际尺寸与其理想尺寸之间的差异。尺寸误差包括直线尺寸误差、长度误差以及角度误差等。

例如，要求加工 $\phi 40\ mm$，实际加工 $\phi 39.98\ mm$。

2. 几何形状公差

几何形状公差的误差特性是指零件加工后自身形状对其理想形状的变化，如图 5-3 所示。

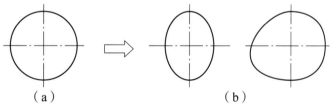

（a）　　　　　　　　　　　（b）

图 5-3　理想形状与实际形状
（a）理想形状；（b）实际形状

3. 位置公差

位置公差的误差特性是指构成零件几何形体的实际位置相对理想位置的变动量，简单地说，就是加工后零件上的某些线或者平面不在理想位置上，如图 5-4 所示。

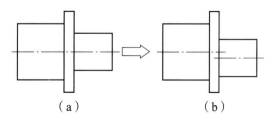

（a）　　　　　　　　　　　（b）

图 5-4　理想位置与实际位置的差异
（a）理想位置；（b）实际位置

4.表面粗糙度误差

表面粗糙度的误差特性是指零件表面在加工后所留下的微小的加工痕迹，表面粗糙度是零件表面质量的一个很重要的指标，也叫微观几何形状误差，如图5-5和图5-6所示。

图5-5　宏观几何形状

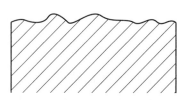

图5-6　微观几何形状

三、轴类零件技术测量器具的选用

根据轴类零件技术测量的内容选择合适的量具，如表5-1所示。

表5-1　轴类零件测量器具与测量内容

量具名称	量具示意图		测量内容
外径千分尺			测量外径尺寸
钟表式百分表			测量形状公差
杠杆式百分表			测量位置公差
表面粗糙度测量仪			测量表面粗糙度误差

四、轴类零件的技术测量

1. 轴类零件线性尺寸偏差的检测

（1）外径千分尺测量时必须保证量具本身的准确性，测量前对齐零位，如图 5-7 所示；若不对齐，即一定要调整零位后方可测量，如图 5-8 所示。

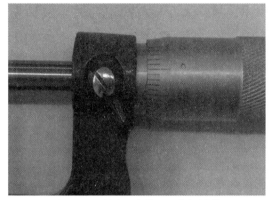 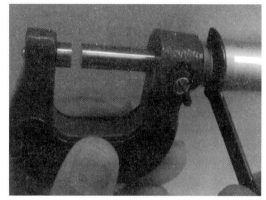

图 5-7　外径千分尺对齐零位　　　　　　　　　图 5-8　外径千分尺调整零位

（2）两测量端的轴线必须正垂直于轴类零件的轴线，如图 5-9 所示，且位于最大直径处。为防止轴径长度上出现锥度，至少检测两个不同位置，如图 5-10 所示。

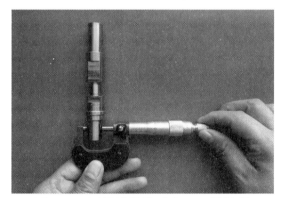 

图 5-9　测量端轴线垂直于工件轴线　　　　　　图 5-10　外径千分尺测量直径

外径千分尺
测量轴类零
件的方法

（3）使用外径千分尺开始测量时，转动微分筒，如图 5-11 所示，当测量面与被测面接触时，应轻轻旋转测力装置，直到发出两三响"咔咔"声，方可读数，如图 5-12 所示。

 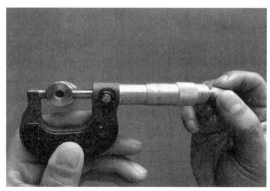

图 5-11　开始测量时转动微分筒　　　　　　图 5-12　测量面与工件面接触时转动测力装置

2.轴类零件几何形状公差（圆度）的检测

（1）将后轴放在 V 形架上，同时固定后轴的轴向位置。

（2）固定百分表，尽可能使表杆测头垂直于被测内外表面，如图 5-13、图 5-14 所示，多测量几处，使测量值更准确些。

杠杆百分表测量轴类零件的圆度

图 5-13　杠杆百分表测量外圆柱圆度

图 5-14　杠杆百分表测量孔径圆度

3.轴类零件位置公差（同轴度）的检测

（1）将后轴放在两块 V 形架上，置于平板上并调整水平，如图 5-15 所示。

（2）将后轴零件基准轮廓要素的中截面（两端圆柱的中间位置）放置在两个等高的 V 形架上，如图 5-16 所示。

（3）安装好百分表、表座、表架，调节百分表，使测头与工件被测外表面接触，并有 1~2 圈的压缩量。

（4）缓慢而均匀地转动后轴一周，并观察百分表指针的波动，取最大读数 M_{max} 与最小读数 M_{min} 差值之半，作为该截面的同轴度误差。

（5）转动后轴零件，按上述方法测量四个不同截面（截面 A、B、C、D），取各截面测得的最大读数 M_{imax} 与最小读数 M_{imin} 差值之半中的最大值（绝对值）作为该零件的同轴度误差。

图 5-15　百分表测量外圆柱同轴度

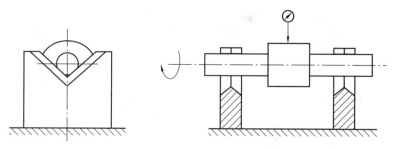

图 5-16　百分表测量外圆柱同轴度

4.轴类零件表面粗糙度误差的检测

（1）首先把表面粗糙度测量仪安装在测量平台上，高度调节轮可以上下、前后调整高度，测量曲面前完成设置和调节，如图 5-17 所示。

（2）设置测量条件：根据曲面长度，选择不同的取样长度和评定长度，曲面测量一般选取样长度 0.25 mm × 5 或 0.8 mm × 3 进行测量。

①调节转盘的俯仰角，使仪器处于水平状态。

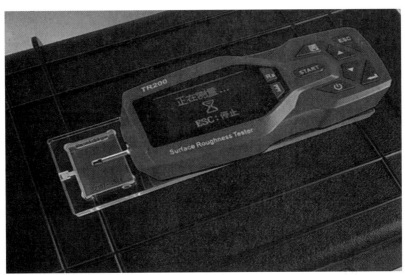

图 5-17　表面粗糙度仪测量轴曲面的表面粗糙度误差

②调节测量平台的高度调节轮和被测工件，使测针距离工件被测面约 5 mm，移动工件使测针针尖指向被测位置最高点前端约 3 mm，暂时不接触工件。

（3）前后调节表面粗糙度测量仪，使测针针尖基本垂直于工件被测面。

①传感器在没有接触工件时，是斜向下、低头的；测量时，传感器必须调节水平后才能测量。

②传感器调节水平后锁住测量平台，防止不必要的移动。

（4）以上调节完成后，再看主机屏幕的测针位置，如果在 ±20 μm 以内可以直接启动测量；如果偏移 0 点太多，一般是测针没有垂直于工件造成的。

（5）调整完成，启动测量即可。

巩固练习

（1）简述轴类零件的技术要求。

（2）简述轴类零件的测量方法。

任务二　齿轮类零件的技术测量

任务目标

（1）具有职业岗位、一丝不苟、追求卓越的工作意识。

（2）掌握齿轮类零件技术测量的内容、方法和注意事项。

（3）能够正确运用测量工具，测量齿轮类工件的误差，判据其合格性。

任务导入

图 5-18 所示为直齿圆柱齿轮零件图，本任务要求对齿轮各部分几何参数误差进行检测，判据其合格性。

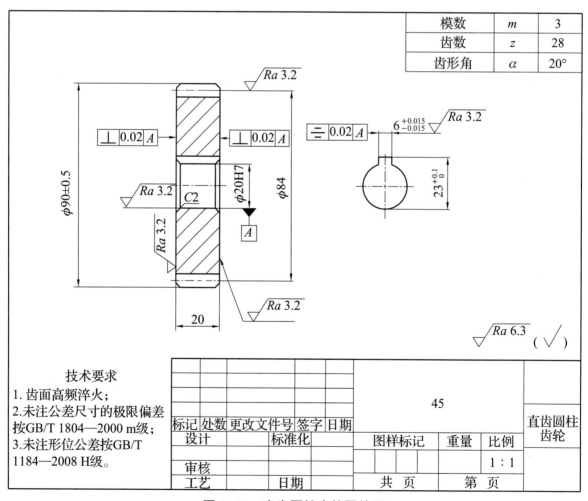

图 5-18　直齿圆柱齿轮零件图

一、齿轮的传动使用技术要求

（1）运动精度：指传递运动的准确性，如分度齿轮（读数装置和分度机构的齿轮）侧重传动准确性。

（2）运动平稳性精度：指传递运动的平稳性，如高速动力齿轮（汽车减速器齿轮、高速发动机齿轮）侧重传动平稳性。

（3）接触精度：指载荷分布的均匀性，如低速重载传动齿轮（起重机械、重型机）侧重载荷分布均匀性。

（4）齿轮副传动精度：指合理的齿侧间隙，如各类齿轮均要求有一定的传动侧隙。

二、齿轮类零件技术测量的内容

（1）齿厚偏差 ΔE_{sn}：是指在分度圆柱面上，法向齿厚的实际值与公称值之差，如图 5-19 所示。

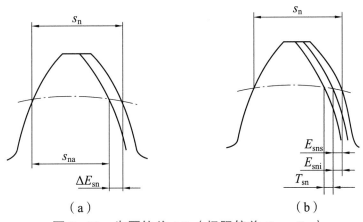

图 5-19　齿厚偏差 ΔE_{sn}（极限偏差 E_{sns}、E_{sni}）

（2）单个齿距偏差 f_{pt}：是指在端平面上，在分度圆上实际齿距与理论齿距之差。它是评定齿轮几何精度的基本项目，如图 5-20 所示。

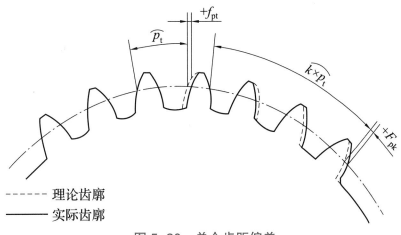

- - - - - - 理论齿廓
———— 实际齿廓

图 5-20　单个齿距偏差

　　齿距累积偏差 F_{pk}：是指任意 k 个齿距的实际弧长与理论弧长的代数差，沿齿轮圆周上同侧齿面间距离做比较测量，如图 5-20 所示。

　　（3）公法线长度变动 ΔF_W（公差 F_W）：齿轮一转范围内，实际公法线长度最大值与最小值之差，即 $\Delta F_W = W_{\max} - W_{\min}$，如图 5-21 所示。

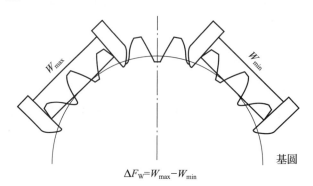

$$\Delta F_W = W_{\max} - W_{\min}$$

图 5-21　公法线长度变动

　　（4）齿圈径向跳动误差 ΔF_r（公差 F_r）：是指在齿轮一转范围内，测头在齿槽内或齿轮上，与齿高中部双面接触，测头相对于齿轮轴心线的最大变动量，传递运动准确性。

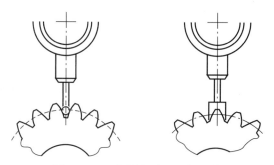

图 5-22　齿圈径向跳动误差

三、齿轮单项测量器具

　　根据齿轮类零件技术测量的内容选择合适的量具，如表 5-2 所示。

表 5-2　测量器具与测量内容

量具名称	量具结构	测量内容
齿厚游标卡尺	高度卡尺 宽度卡尺 固定量爪　活动量爪　高度卡尺顶端	齿轮齿厚偏差

续表

量具名称	量具结构	测量内容
公法线千分尺	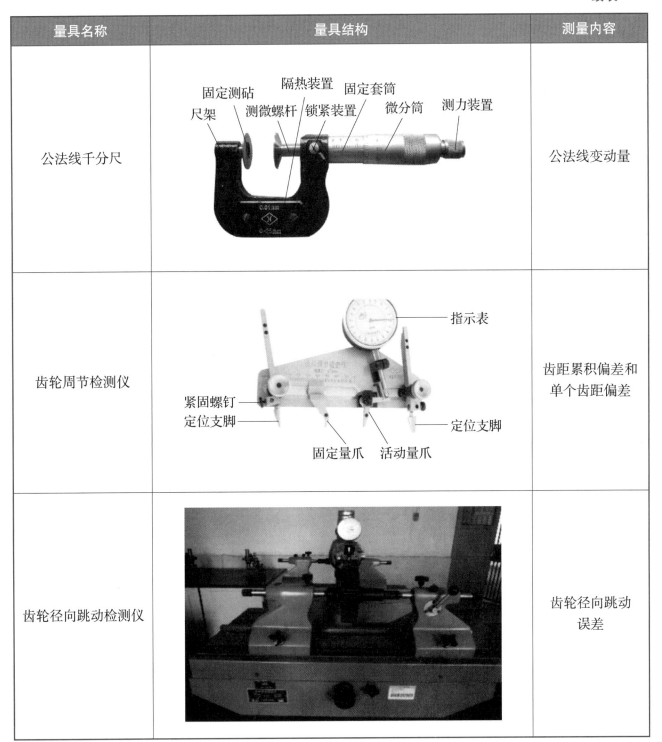	公法线变动量
齿轮周节检测仪		齿距累积偏差和单个齿距偏差
齿轮径向跳动检测仪		齿轮径向跳动误差

四、齿轮类零件技术测量

1.用齿厚游标卡尺检测齿轮齿厚偏差

（1）将齿厚游标卡尺置于被测轮齿上，使高度卡尺与齿轮齿顶可靠地接触，并使卡尺的量爪垂直于齿轮的轴线，如图5–23所示。

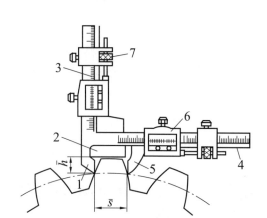

图 5-23　齿厚游标卡尺测分度圆齿厚

1—固定量爪；2—高度定位尺；3—高度卡尺；4—宽度卡尺；5—活动量爪；6—游标框架；7—调整螺母

（2）然后移动宽度卡尺的量爪，使它和另一量爪分别与轮齿的左、右齿面接触（齿轮齿顶与高度卡尺之间不得出现空隙），从宽度卡尺上读出的示值即实际齿厚值，如图 5-24 所示。

齿厚游标卡尺测量齿轮分度圆齿厚

图 5-24　齿厚游标卡尺测分度圆齿厚示意图

（3）在相对 180° 分布的两个齿上测量，测得的齿厚实际值与齿厚公称值之差即齿厚偏差 ΔE_{sn}。取其中的最大值和最小值作为测量结果。按实验报告要求将测量结果填入报告内。

（4）按齿轮图上给定的齿厚上偏差 E_{sns} 和下偏差 E_{sni}（$E_{sni} \leqslant \Delta E_{sn} \leqslant E_{sns}$），判断被测齿轮的合格性。

（5）完成实验报告，做适用性结论。

（6）擦净测量仪及工具，整理现场。

2. 用公法线千分尺检测齿轮公法线长度偏差

（1）熟悉量具，并调试（或校对）零位：用标准校对棒放入公法线千分尺的两测量面之间校对"零"位，记下校对格数。

（2）使两测头能插进被测齿轮的齿槽内，与齿侧渐开线面相切，如图 5-25、图 5-26 所示。

（3）跨相应的齿数，沿着轮齿三等分的位置测量公法线长度，记入实验报告。

（4）整理测量数据，并做适用性结论。

（5）实验结束，清洗量具，整理现场。

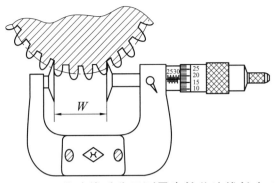

公法线千分尺测量齿轮公法线长度

图 5-25　公法线千分尺测量齿轮公法线长度 1　　　图 5-26　公法线千分尺测量齿轮公法线长度 2

3. 用齿轮径向跳动检测仪测量齿轮的径向跳动误差

（1）选择合适的球形测头装入指示表测杆的下端。

（2）将被测齿轮和芯轴装在仪器的两顶尖上紧固。

（3）调整滑板位置，使指示表测头位于齿宽的中部。

（4）调整指示表，校零，如图 5-27 所示。

（5）逐齿测量一周，记下每一齿指示表的读数。

（6）最大读数和最小读数的差值为齿轮径向跳动误差 F_r，与其公差比较做出合格性结论。

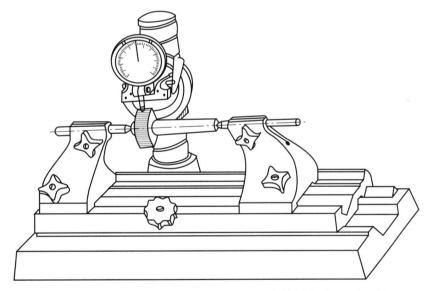

图 5-27　用齿轮径向跳动检测仪测量齿轮的径向跳动误差

4. 用齿轮周节检测仪检测齿轮单个齿距偏差和齿距累积偏差

（1）调整固定量爪工作位置。

（2）调整定位杆的工作位置。

（3）以任意一个齿距作为基准齿距进行测量，调整指示表使指针对准零位。如图 5-28 所示齿轮周节检测仪的结构。

（4）对齿轮逐齿进行测量，测出各实际齿距，对测量基准的偏差做好记录，如图 5-29 所示。

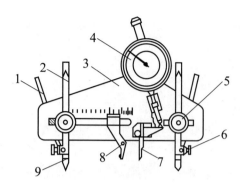

图 5-28　齿轮周节检测仪的结构

1—支架；2—定位杆；3—主体；4—指示表；
5—紧固螺母；6—紧固螺钉；7—活动量爪；
8—固定量爪；9—定位支脚

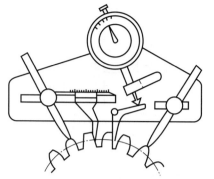

图 5-29　齿轮周节检测仪检测示意图

巩固练习

（1）简述齿轮传动的技术要求。

（2）简述齿轮单项测量项目的检测方法。

项 目 小 结

（1）根据轴类零件的技术要求选择精度不同的测量仪器，运用正确的检测方法和步骤判断零件的合格性。

（2）根据齿轮类零件的技术要求选择精度不同的测量仪器，运用正确的检测方法和步骤判断零件的合格性。

知 识 拓 展

机械零件测量新技术

在机械制造行业中，精确测量是非常重要的一环，而 PMT 测量臂就是一种高精度的测量工具，如图 5-30 所示，它能够帮助工程师们快速准确地测量各种零件的尺寸和形状，PMT

测量臂采用先进的三坐标测量技术，具备高精度、高稳定性和高灵敏性的特点，无论是测量平面、曲面，还是复杂的曲线，PMT 测量臂都能轻松应对，让测量工作变得更加高效和精确。PMT 测量臂广泛应用于各个领域，无论是汽车制造、航空航天、电子设备还是模具制造，PMT 测量臂都能发挥重要作用，检测零件的尺寸是否符合设计要求，确保产品的质量和精度。不仅如此，PMT 测量臂还具备便携性和灵活性，可以在不同的环境中使用，无论是在车间、实验室和现场，PMT 测量臂都能实现测量数据的准确性。

图 5-30　PMT 测量臂

匠心学堂

"蛟龙号"载人潜水器守护神——"顾两丝"

潜水器有十几万个零部件，组装起来最大的难度就是密封性，精密度要求达到了"丝"级。而在中国载人潜水器的组装中，能实现这个精密度的只有钳工顾秋亮，也因为有着这样的绝活儿，顾秋亮被人称为"顾两丝"，如图5-31所示。"蛟龙号"的载人舱是在俄罗斯定制的，安装的难度是在球体跟玻璃的接触面，要控制在 0.2 丝以下。0.2 丝，只有一根头发丝的 1/50。用精密仪器来控制这么小的间隔或许不算难，可难就难在载人舱观察窗的玻璃异常娇气，不能与任何金属仪器接触。因为一旦摩擦出一个小小的划痕，在深海几百个大气压的水压下，玻璃窗就可能漏水，甚至破碎，危及下潜人员的生命。因此，安装载人舱玻璃，也是组装载人潜水器里最精细的活儿。除了依靠精密仪器，更重要的是依靠顾秋亮自己的判断。

图 5-31　大国工匠顾秋亮

　　用眼睛看，用手摸，就能做出精密仪器干的活儿，顾秋亮并不是在吹牛。他即便是在摇晃的大海上，纯手工打磨维修的潜水器密封面平面度也能控制在两丝以内。

　　目前在中国，深海载人潜水器有两个，组装工作都是由顾秋亮牵头。4 500 m 载人潜水器或许是他组装的最后一台潜水器，载人舱的玻璃装好了，他还是那么精细，那么专注，反复确认它的安全性。

　　让人信任一次两次、一年两年容易，要一辈子信任很难。顾秋亮 43 年来，用他做人的信念，埋头苦干、踏实钻研、挑战极限，追求一辈子的信任。这种信念，让他赢得潜航员托付生命的信任，也见证了中国从海洋大国向海洋强国的迈进。

项目六

精密测量技术在检测中的应用

项目概述

在科学技术高度发展的今天，现代精密测量技术对一个国家的发展起着十分重要的作用。如果没有先进的测量技术与测量手段，就很难设计和制造出性能优良的产品，更谈不上发展现代高新尖端技术，因此世界各个工业发达国家都很重视发展现代精密测量技术。通过本项目的学习，掌握接触式测量技术和非接触式测量技术中的几种典型仪器的结构形式和功能原理。图 6-1 所示为项目六的思维导图。

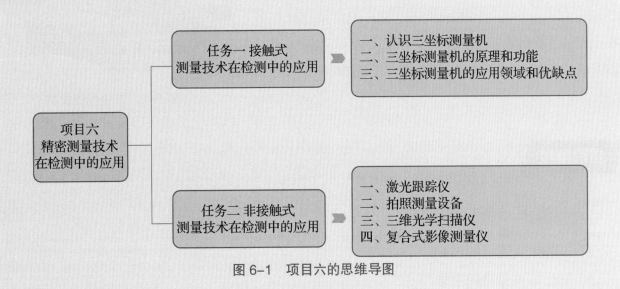

图 6-1 项目六的思维导图

任务一 接触式测量技术在检测中的应用

任务目标

（1）养成职业岗位所需的严谨细致、精益求精的工作态度。

（2）掌握三坐标测量机的结构、类型、功能、原理以及应用特点。

（3）能够根据被测场景，正确选用接触式测量仪器。

任务导入

随着科学技术和工业的发展，三维测量技术在自动化生产、质量控制、机器人视觉、反求工程、CAD/CAM 以及生物医学工程等方面的应用日益重要，其精度、适应性和操作性也在逐渐上升。三维测量的典型代表是三坐标测量机（CMM），以精密机械为基础，综合多种先进技术，能对三维复杂工件的尺寸、形状和相对位置进行高精度的测量。如图 6-2 所示三坐标测量机，本任务要求学生学习知识链接的内容，掌握三坐标测量机的结构、类型、功能、原理，并了解其优缺点，能够完成三坐标测量机在精密检测前的准备工作。

图 6-2 三坐标测量机

知识链接

一、认识三坐标测量机

1.三坐标测量机的结构

1）三坐标测量机的主体

三坐标测量机的主体由框架结构、标尺系统、导轨、驱动装置、平衡部件、转台及附件等组成。

2）测头

三维测头即三维测量的传感器，可在三个方向上感受瞄准信号和微小位移，以实现瞄准与测微两种功能。测头主要有硬测头、电气测头、光学测头等，此外还有测头回转体等附件，如图 6-3 所示。测头有接触式和非接触式之分。按输出的信号分为用于发信号的触发式测头和用于扫描的瞄准式测头、测微式测头。

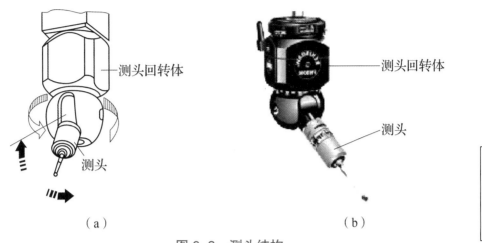

（a）　　　　　　　　　　　　　（b）

图 6-3　测头结构

（a）测头回转示意图；　（b）PH10M 回转测头实物

3）电气系统

电气系统主要包括电气控制系统、计算机硬件部分、测量机软件、打印与绘图装置。

（1）电气控制系统是三坐标测量机的电气控制部分，具有单轴与多轴联动控制、外围设备控制、通信控制和保护与逻辑控制等。

（2）计算机硬件部分可以采用各种计算机，一般有 PC 机和工作站。

（3）测量机软件包括控制软件与数据处理软件。这些软件可进行坐标交换与测头校正，生成探测模式与测量路径，可用于基本几何元素及其相互关系的测量，形状与位置误差测量，齿轮、螺纹与凸轮的测量，曲线与曲面的测量等，具有统计分析、误差补偿和网络通信等功能。

（4）打印与绘图装置可根据测量要求，打印出数据、表格，亦可绘制图形，为测量结果的输出设备。

2. 三坐标测量机的类型

目前，常见的三坐标测量机按结构形式可分为移动桥式、固定桥式、龙门式、水平臂式、关节臂式等。

（1）移动桥式三坐标测量机为最常用的三坐标测量机。其主要特点是结构简单、紧凑、刚度好，上下料有比较大的空间，运动速度快，精度高。桥架沿着两个在水平面上相互垂直的 X 轴和 Y 轴的导槽移动，通过 X、Y、Z 三个轴测量各种零部件及总成的各个点和元素的空间坐标，来评价长度、直径、形状误差、位置误差等，以完成过程控制、质量控制、逆向成型等任务。移动桥式三坐标测量机如图 6-4 所示。

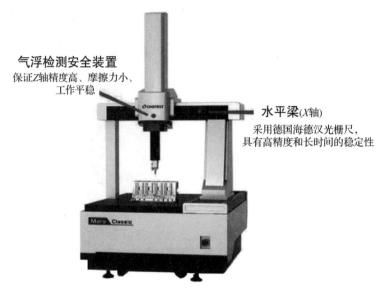

气浮检测安全装置
保证Z轴精度高、摩擦力小、工作平稳

水平梁(X轴)
采用德国海德汉光栅尺，具有高精度和长时间的稳定性

三坐标测量机

图6-4　移动桥式三坐标测量机

（2）固定桥式三坐标测量机具有桥架固定、结构稳定、整体刚性好、中央驱动、偏摆小、误差小，测量对象伴随着工作台运动速度低，承载能力较小等优点。固定桥式三坐标测量机精度非常高，是高精度和超高精度测量的首选结构。固定桥式三坐标测量机如图6-5所示。

（3）龙门式三坐标测量机的移动局部只是横梁在移动。Z向尺寸很大，有利于减小活动局部的质量。龙门式三坐标测量机是大型三坐标测量机，结构远比移动桥式复杂，如图6-6所示。

图6-5　固定桥式三坐标测量机

图6-6　龙门式三坐标测量机

（4）水平臂式三坐标测量机的测量台是固定的，厢形架支撑水平臂沿着垂直的支柱在垂直方向移动，X、Y轴均沿着各自的导槽移动，适用于大型工件的测量，如图6-7所示。

（5）关节臂式三坐标测量机是一种便携式接触测量机器，关节臂拥有多个自由度，可通过模拟手臂旋转，接触空间不同位置待测点适合携带到作业现场进行测量，对环境条件要求比较低。有些测头可附加小型结构光扫描仪，实现对工件的快速扫描，集接触式与非接触式系统的优点于一体。关节臂式三坐标测量机如图6-8所示。

图 6-7　水平臂式三坐标测量机

图 6-8　关节臂式三坐标测量机

二、三坐标测量机的原理和功能

1. 三坐标测量机的原理

三坐标测量机的基本原理是由三个相互垂直的运动轴 X、Y、Z 建立起三维空间坐标系，测头的一切运动都在这个坐标系中进行，如图 6-9 所示。被测零件放入它允许的测量空间，在数控测量程序控制下，测头与零件表面接触，精确地测出被测零件表面的点在空间三个坐标位置的数值，将这些点的坐标数值经过计算机数据处理，拟合形成测量元素，如圆、球、圆柱、圆锥、曲面等，经过数学计算的方法得出其形状、位置公差及其他几何量数据。

图 6-9　三坐标测量机的原理

2. 三坐标测量机的功能

三坐标测量机是精密的测量机器，集机、光、电于一体，能测量零部件的尺寸、形状、位置、方向误差；配合高性能的计算机软件，可以进行箱体、导轨、涡轮、叶片、缸体、凸轮、螺纹等空间型面的测量；能连续扫描曲面；可以编制测量程序，通过执行程序实现自动测量。

运用三坐标测量机，突显以下优点：

（1）提高了三维测量的测量精度。目前，高精度三坐标测量机的单轴精度，每米长度测量精度可达 1 μm 以内；三维空间精度可达 1~2 μm；对于车间检测用的三坐标测量机，每米测量精度单轴也可达 3~4 μm。

（2）由于三坐标测量机可与数控机床和加工中心配套组成生产加工线或柔性制造系统，从而促进了自动化生产线的发展。

（3）可方便地进行数据处理和程序控制，可以和加工中心等生产设备方便地进行数据交换，能满足逆向工程的需要。

（4）随着三坐标测量机的精度不断提高，自动化程序不断发展，促进了三维测量技术的进步，大大提高了测量效率，尤其是计算机的引入，不但便于数据处理，而且可以完成 CNC 的控制功能，可缩短测量时间 95% 以上。

三、三坐标测量机的应用领域和优缺点

1.应用领域

三坐标测量机广泛应用于各种机械制造、精密加工、汽车、航天等领域，如模具加工、精密轴承、汽车零部件、飞机零部件等。

2.优缺点

优点：三坐标测量机精度高、重复性好、功能齐全、自动化程度高、测量范围广。

缺点：三坐标测量机价格较高，对操作人员技能要求高，维护成本较高。

（1）简述三坐标测量机的原理和功能。

（2）简述三坐标测量机的应用领域和优缺点。

任务二 非接触式测量技术在检测中的应用

任务目标

（1）形成职业岗位所需的严谨细致、精益求精的工作态度。

（2）熟悉常见的几种非接触式测量技术。

（3）能够根据被测场景，正确选用非接触式测量仪器。

任务导入

非接触式测量是测量器具的传感器与被测零件的表面不直接接触的测量方法。以光电、电磁、超声波等技术为基础，在仪器的感受元件不与被测物体表面接触的情况下，即可获取被测

物体的各种外表或内在的数据特征，随着各种高性能器件如半导体激光器 LD、电荷耦合器件 CCD、CMOS 图像传感器和位置敏感传感器 PSD 等的出现，新型三维传感器不断出现，其性能也大幅度提高。图 6-10 所示为非接触式测量技术，本任务要求学生学习知识链接的内容，掌握常见的非接触式测量技术的应用场景和测量方法，能够正确认识非接触式测量技术使用的测量仪器。

图 6-10 非接触式测量技术

知识链接

非接触式测量技术

一、激光跟踪仪

激光跟踪仪是一种基于激光和自动控制技术的高精度三维测量系统，是一种便携式三坐标测量机，主要用于大尺寸空间坐标测量领域。它专注于激光干预测距、角度测量等先进技术，基于球坐标法的测量原理，通过测量角度和距离，可以实现三维坐标的精确测量，如图 6-11 所示。

激光跟踪仪

图 6-11 激光跟踪仪

激光跟踪仪采用球坐标系测量系统，测量时，操作者手持测量靶球，激光跟踪仪射出一道激光主动跟踪测量靶球，在操作者将测量靶球接触待测工件表面时，激光跟踪仪精确采集该点的三维坐标并上传至测量软件，通过在工件上采集若干点，即可在软件上根据采集的点位坐标，拟合成需要的点、线、面、球等特征，分析拟合的特征，可得到对应的形位公差数据，也可将工件的三维模型导入测量软件，进行实物与数模的三维比对，得到三维比对数据，从而分析出实物与设计状态的差异，实现精准检测。

应用场景：在大尺寸精密测量领域，如图 6-12 所示，激光跟踪仪具有测量范围广、精度高、功能多、可现场测量等优点。它取代了许多传统的测量设备，如大型固定三坐标测量机、经纬仪和全站仪，在设备校准、零部件检测、工装制造和调试、集成组装和逆向工程等应用领域显示出高测量精度和效率。其可以为大型特种作业车辆制造的各环节提供测量保障；可以检测出各部件行走精度，如机床导轨直线度、转台轴向、相互垂直度、径向跳动

图 6-12　激光跟踪仪在车间应用

等；也可以使用激光跟踪仪实测被加工零件尺寸，以此作为机床加工进给量的依据。

二、拍照测量设备

拍照测量设备是运用机器视觉技术，用工业相机对物体进行连续拍照，然后运用图像处理软件及技术对拍摄的照片进行分析，来检测被测物尺寸误差、外观缺陷的一种方式。拍照式测量设备提供高速、3D 拍照式测量解决方案，如图 6-13 所示。

应用场景：快速采集数据及条件复杂的车间现场环境。

图 6-13　拍照测量技术

三、三维光学扫描仪

三维光学扫描仪是一种高速高精度的三维扫描测量设备，其用途是创建物体几何表面的点云，这些点可用来插补成物体的表面形状，越密集的点云可以创建更精确的模型（这个过程称为三维重建）。若三维光学扫描仪能够取得表面颜色，则可进一步在重建的表面上粘贴材质贴图，亦即所谓的材质映射。根据传感方法不同，分为三维蓝光扫描仪、激光三维扫描仪、CT 断层扫描仪等，如图 6-14 所示。

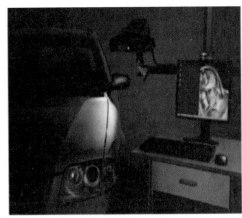

图6-14　三维扫描测量技术

三维光学扫描仪测量速度快，适用于待测物体几何形状的全尺寸三维数字化检测，具有工业级高精度和高稳定性，在严苛的环境下仍可提供高精度测量数据。

应用场景：适用于待测物体几何形状的全尺寸三维数字化检测。

四、复合式影像测量仪

所谓复合式传感器测量技术，就是集各种非接触（影像、激光与白光）、接触（触发式、扫描式）测量技术于一身，使用户在测量时可使用一种或多种传感器以通过一次设定，完成特征复杂的测量任务。复合式影像测量仪整合了非接触测量和接触测量两种测量模式于一身，能够在同一台设备上完成工件所有类型特征的测量，避免在不同设备上二次装夹，节省上下料的时间和多台设备的投资。应用复合式传感器测量技术，实现快捷的光学测量与接触式扫描测量，提升检测效率，如图6-15所示。

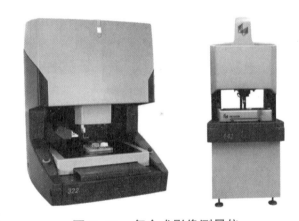

图6-15　复合式影像测量仪

应用场景：小、薄、软、复杂形状零部件的测量。

巩固练习

（1）简述激光跟踪仪、拍照测量设备、三维光学扫描仪、复合式影像测量仪的应用场景。

（2）简述非接触测量的特点。

项目小结

（1）接触式和非接触式测量技术在精密检测中使用的几种仪器的结构形式。

（2）接触式和非接触式测量技术在精密检测中使用仪器的功能原理。

知识拓展

精密检测仪器在工业检测中大有可为

精密检测仪器自 20 世纪 90 年代起开始在国内被广泛使用，成为检测工业产品必备的设备，如图 6-16 所示。在经历了简单的投影仪、二次元影像测量仪、高端三坐标测量机这三个发展阶段之后，目前的精密检测仪器更加趋向于智能化、自动化和集成化，解决了人工肉眼和卡尺、卡规检测的局限性。根据行业需求定向研发的精密检测仪器逐渐成为解决工业产品高精度检测难题的"一颗灵丹妙药"。

图 6-16　精密测量仪检测仪器

精密检测仪器与我们的日常生活息息相关，很多人对此并不甚了解。下面列举两个简单例子，如现在受到年轻人追捧的智能触摸屏手机，对手机玻璃的检测就离不开二次元影像测量仪的使用。手机玻璃的厚度测量、平面度检测、油墨厚度测量等，这些都需要用到二次元影像仪。对汽车车身的检测以及各个零件的测量是三坐标测量机的应用之一，汽车的每个零件只有通过了三坐标测量机的测试合格，才能让汽车正常行驶。

目前，此类二次元影像仪和三坐标测量机通过软件技术、机器视觉技术以及电子技术的高度融合，形成一整套综合检测设备，已广泛运用于工业检测各行业中，它能同时测量多种参数，如尺寸、外观、电性能等。这类检测设备通常属于非标检测设备，需要根据行业特点或者客户检测的特殊需求定向研发，因此也是真正符合客户需求的精密检测仪器。

这种高端检测仪器结合了国际高端精密检测部件，能够智能化测量并记录数据，准确筛选优劣产品，不但节省了人力成本，同时让企业生产线实现了升级，并创造了更多利润。

随着中国工业自动化和产业升级的发展趋势，定向研发的精密检测仪器在工业检测领域将有很大的市场空间，与此同时，中国要成为工业强国，也必须重视研发与创新。

🎓 匠 心 学 堂

闪耀五洲技能之星宋彪：摘得世赛皇冠上的明珠

2017年，宋彪在第44届世界技能大赛上勇夺工业机械装调项目金牌，并摘得阿尔伯特·维达尔大奖，受到社会各界的广泛关注。从一名普普通通的初中毕业生，就读技校短短3年2个月，成长为一名世界冠军，如图6-17所示。

图6-17　技能之星宋彪

他主动选择技校——缘起兴趣爱好

2014年，宋彪参加中考，成绩也不算理想，刚刚达到普通高中的录取分数线。拿到中考成绩单后，宋彪的父亲跟他进行了一次长谈，他们聊了很多很多。他父亲结合自己的工作经历告诉宋彪，不管走那条路，只要肯努力，学好了照样有出息。套用一句老话，就是三百六十行，行行出状元。宋彪从他父亲的经历和想法中，也了解到父母在外打工的艰辛，知道了父母对他的期望，对他的爱。父母希望宋彪做一个有责任、有担当，能对社会做出自己贡献的人，最起码以后要能凭自己的劳动养活自己和家人。与父亲的谈话，让宋彪一夜无眠，突然觉得自己长大了许多，心中渐渐地明确了目标，有了动力。

宋彪从小就比较喜欢拆拆装装，父母买给他的玩具他总会把它拆掉，再想办法复原，他十分享受这个过程的快乐和喜悦。宋彪说过："我特别佩服那些技术工人利用手中的工具，变出一个个'漂亮'的零件，组成一台台'灵活'的机器，完成一个个伟大的工程。"所以，在跟父亲长谈之后，宋彪向父母提出了不上普通高中而是上技校的想法，父母也非常赞同他的选择。经多方了解，最终选择了江苏省常州技师学院，就读于机械工程系五年制模具设计与制造专业。因为宋彪父母在常州工作多年，父亲一直从事机械加工方面的工作，宋彪从小耳濡目染，渐渐地也有了兴趣，而且可以和父母生活在一起。当时宋彪就暗暗下定决心"一定要拿好工具"。

宋彪对于读技校也有自己的认识，他认为，当前社会上包括我们的长辈，对于技校或者技校生的评价，总是或多或少带着些颜色的，他们总是习惯于把技校生与本科生做比较，不过我认为不该这么比较的。本科生走的是学历道路，我们走的是技能道路，他们毕业后做适合他们的工作，我们毕业后在我们的岗位上效力，这并没有什么冲突。我觉得，就读职业院校，在这里学技术、练技能，完全没必要觉得低人一等。

开学的第一个学期，宋彪下定决心一定要好好学，自己选择的路要努力走好。但是一个学期下来有几门课程也不是太理想。于是，宋彪一有空余时间就去请教专业老师，经常和老师"泡"在一起，到了第二学期，成绩有了显著的提升。

2015年11月，在读二年级的时候，宋彪作为低年级"编外"人员试着报名参加了学院"技能节"校集训队的选拔比赛。虽然当时距离比赛只有半个月时间了，宋彪也感觉有些力不从心，但是他并没有放弃，而且激发了更强的斗志，他坚信"只有努力才有回报"。他每天比别人晚两个小时结束练习，别人礼拜天休息，他仍然坚持训练。就这样，在半个月后的选拔赛中他取得了第二名，顺利进入校集训队。进入校集训队后他发现与别的队友还有一定的差距，所以宋彪在集训过程中仍然坚持比别人晚两小时结束训练，并充分利用好周六、周日的休息时间，把自己的基础技能夯扎实。

付出和努力得到了回报。2016年6月，宋彪被学校选中，获得了参加第44届世界技能大赛江苏省选拔赛的资格，这是学校对宋彪前面努力的认可，也是他再次提高技能水平的一次绝好机会。宋彪暗暗制定目标，要尽自己最大的努力，争取取得参加全国选拔赛的名额。心中有目标，自然就有了方向和动力。当时正值暑假，队员和教练都放弃假期，顶着40 ℃的高温在车间里训练，没有一句怨言，只有你追我赶。

他勇攀技能之巅——来自厚积薄发

在比赛前最后的备战冲刺阶段，专家组对宋彪提出更加严格的集训目标：高于世赛技术标准、高于世赛检测标准、高于世赛竞赛规则、高于世赛体能强度，具备绝对的技术、知识和体能储备，争夺世界技能大赛奖牌。围绕更高的目标与期待，宋彪在团队的帮助下全身心地投入备战阶段，开展了针对性训练、障碍性训练、国际交流训练、心理及体能训练等，同时对世赛理念、标准、规则等进行了更深入的学习。这段时间，他的技能水平、综合素质有了显著提高，可以说做好了充分准备。宋彪的教练杭明峰是这样评价宋彪的："十八般武艺集中在他一个人身上""我们从他身上看到了坚持、韧劲，还有专注力，这也是工匠精神的体现"。

世界技能大赛工业机械装调项目比赛共分为5个模块，包括机械加工、焊接加工、齿轮箱拆检、电气预防性维护、装配与调试。赛程为4天，累计比赛时间为20个小时。这是一项复合程度很高的比赛项目，要求选手具备扎实的多工种知识和技能基础，并具有较强的综合运用和应变能力。

回国后，宋彪在中南海受到李克强总理的亲切会见，受到国家人社部、江苏省和常州市政府以及各级共青团组织的表彰奖励，江苏省委书记娄勤俭到学校调研时，还专门到集训基地看望鼓励他。所有这些，都让他深切感受到了党和国家对技能人才培养的重视和关怀而备受鼓舞。他还多次参加各级组织的事迹巡回报告会，把自己成长参赛的经历和体会与广大青年学子们分享。

宋彪说："我从自己的成长参赛经历中深深体会到，技能改变人生，技能成就梦想。我将珍惜荣誉、再接再厉，坚定走技能成才之路，用自己的努力阐释新时代工匠精神，也希望更多的有志青年能够凭借精湛的技能让人生出彩！"

附录

巩固练习答案

参 考 文 献

［1］全国产品几何技术规范标准化技术委员会. 产品几何技术规范（GPS）. 线性尺寸公差 ISO 代号体系第 1 部分：公差、偏差和配合的基础：GB/T 1800.1—2020［S］. 北京：中国标准出版社，2020.

［2］全国产品几何技术规范标准化技术委员会. 产品几何技术规范（GPS）. 线性尺寸公差 ISO 代号体系第 2 部分：标准公差带代号和孔、轴的极限偏差表：GB/T 1800.2—2020［S］. 北京：中国标准出版社，2020.

［3］万春芬，雷黎明，邹桦. 公差配合与机械测量［M］. 2 版. 北京：高等教育出版社，2020.

［4］张晓宇，刘伟雄. 公差配合与测量技术［M］. 2 版. 武汉：华中科技大学出版社，2020.

［5］张静，张朋，方春慧. 公差配合与技术测量［M］. 北京：北京理工大学出版社，2020.

［6］卢志珍. 机械测量技术［M］. 2 版. 北京：机械工业出版社，2021.

［7］崔陵，童燕波，曹克胜. 零件测量与质量控制技术［M］. 3 版. 北京：高等教育出版社，2022.

［8］张瑾，周启芬，巩芳. 公差配合与技术测量［M］. 2 版. 北京：机械工业出版社，2024.

公差配合与技术测量
一体化任务工单

班级：＿＿＿＿＿＿＿＿

姓名：＿＿＿＿＿＿＿＿

工号：＿＿＿＿＿＿＿＿

北京理工大学出版社

BEIJING INSTITUTE OF TECHNOLOGY PRESS

目　录

项目一　极限与配合

任务一　极限与配合基础

任务名称	极限与配合基础		学　时		任务成绩	
学生姓名		班级／组别	工单号		实训日期	
实训设备、工具及仪器	游标卡尺、外径千分尺、轴、轴套、轴环、链条（或模型）		实训场地	理实一体化中心	实训教师	
任务目的	理解互换性的意义；明确尺寸相关术语并进行熟练表达；学会正确绘制公差带图并分析配合的类型；借助网络等信息化资源分析配合的实际应用					

一、任务资讯

1. 从同一规格的一批零件（或部件）中任取一件，不经修配就能立即装到机器或部件上，并能保证使用要求，零件的这种性质称为_____。

2. 一批轴零件合格尺寸的最大极限尺寸为 $\phi14$ mm，最小极限尺寸为 $\phi13.982$ mm，其公称尺寸是_____，上极限偏差为_____，下极限偏差为_____，公差为_____，该尺寸在图样上的标注可写成_____，若测量其中一个零件的尺寸为 $\phi13.99$ mm，该零件____（是、否）合格，该尺寸为零件的_____尺寸。

3. 公差带图中，表示_____的一条线称为零线。

4. _____相同的，相互结合的孔和轴公差带之间的关系称为配合。根据形成的间隙或过盈情况，配合分为_____、_____、_____三类。

5. 从孔与轴配合的公差带图上发现，孔的公差带在轴公差带上方是_____配合；孔的公差带与轴的公差带相互交叠是_____配合；孔的公差带在轴的公差带下方是_____配合。

二、计划与决策

请根据所学知识和任务要求，确定所需的工件、测量设备和工具，并对小组成员进行合理分工，制订详细的任务实施计划。

1. 需要的设备和工具：_____

_____

2. 小组成员分工：_____

3. 任务实施计划：_____

_____

三、任务实施

1. 如图 1-1 所示轴，如图 1-2 所示轴套和轴环，如图 1-3 所示轴套轴环配合，由图可知：公称尺寸为 $\phi15$ mm 与 $\phi30$ mm 两处内孔与外圆配合；如图 1-4 所示，用数控车床（或普通车床）加工零件及其配合（建议至少六套）。

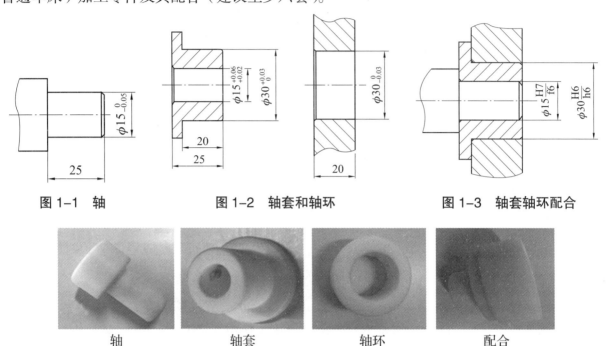

图 1-1　轴　　　　　图 1-2　轴套和轴环　　　　　图 1-3　轴套轴环配合

轴　　　　　　　　轴套　　　　　　　　轴环　　　　　　　　配合

图 1-4　轴、轴套和轴环零件

（1）由图 1-1 可知，轴的 $\phi15$ mm 处最大极限尺寸是_____，最小极限尺寸是_____，上偏差是_____，下偏差是_____，公差是_____；图 1-2 所示轴套的 $\phi15$ mm 内孔的最大极限尺寸是_____，最小极限尺寸是_____，上偏差是_____，下偏差是_____，公差是_____。

（2）由图 1-2 可知，轴套的 $\phi30$ mm 处最大极限尺寸是_____，最小极限尺寸是_____，上偏差是_____，下偏差是_____，公差是_____；轴环的 $\phi30$ mm 内孔的最大极限尺寸是_____，最小极限尺寸是_____，上偏差是_____，下偏差是_____，公差是_____。

（3）表 1-1 所示为轴套内孔及外圆的实际尺寸（建议），表 1-2 所示为轴环内孔的实际尺寸，用千分尺测量轴套、轴环实际尺寸，自测测量的正确率。

表 1-1 轴套内孔及外圆的实际尺寸

件号	内孔实际尺寸 /mm	外圆实际尺寸 /mm
1 号	ϕ15.04	ϕ30.03
2 号	ϕ15.02	ϕ30.02
3 号	ϕ15.03	ϕ30.02
4 号	ϕ15.03	ϕ30.02
5 号	ϕ15.05	ϕ30.00
6 号	ϕ15.06	ϕ30.02

表 1-2 轴环内孔的实际尺寸

件号	实际尺寸 /mm
1 号	ϕ29.99
2 号	ϕ30.00
3 号	ϕ29.99
4 号	ϕ29.99
5 号	ϕ29.97
6 号	ϕ29.98

（4）任选轴、轴套、轴环，按照图 1-3 多次装配，感受装配时"松、紧"程度。结合表 1-1、表 1-2 中的实际尺寸，完成下面的问题。

若用轴套 1 号零件与轴环 2 号零件配合，感觉比较＿＿＿＿＿＿＿（松、紧），这时应该是＿＿＿＿＿＿＿配合；

若用轴套 1 号零件与轴环 5 号零件配合，感觉比较＿＿＿＿＿＿＿（松、紧），这时应该是＿＿＿＿＿＿＿配合；

若用轴套 5 号零件与轴环 2 号零件配合，感觉比较＿＿＿＿＿＿＿（松、紧），这时应该是＿＿＿＿＿＿＿配合；

若用轴套 5 号零件与轴环 5 号零件配合，感觉比较＿＿＿＿＿＿＿（松、紧），这时应该是＿＿＿＿＿＿＿配合。

（5）根据图 1-1、图 1-2 中标注的尺寸，绘制公称尺寸为 ϕ15 mm、ϕ30 mm 孔与轴的公差带图。

（6）从公差带图上可以看出，ϕ15 mm 处孔的公差带与轴的公差带的关系是_____，因此该处为_____配合；ϕ30 mm 处孔的公差带与轴的公差带的关系是_____，因此该处为_____配合。

2. 结合《机械基础》链传动部分知识，单排滚子链由内链板、外链板、销轴、套筒和滚子组成，零件之间多处内孔与轴进行间隙和过盈配合，以保证链节屈伸时，内链板 1 与外链板 2 之间能相对转动，滚子 5 与套筒 4、套筒 4 与销轴 3 之间可以自由转动，如图 1-5 所示。

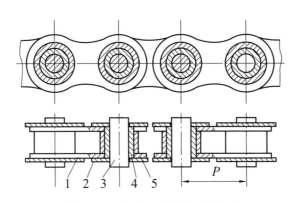

图 1-5　轴套、轴环实际尺寸
1—内链板；2—外链板；3—销轴；4—套筒；5—滚子

（1）分析内链板 1、外链板 2、销轴 3、套筒 4、滚子 5 之间的连接关系。（有条件的可以安排学生拆装链条）

（2）销轴 3 与外链板 2 之间是_____配合；套筒 4 与内链板 1 之间是_____配合；销轴 3 与套筒 4 之间是_____配合；滚子 5 与套筒 4 之间是_____配合。

（3）在网络上搜集链传动视频，结合链的组成与配合情况分析链传动的工作原理。

链传动的工作原理：_____

_____

四、检查与评估

请根据任务完成的情况，对任务实施进行检查与自我评估，并提出改进意见。

1. _____

2. _____

五、任务评价与反馈

对本任务的知识掌握和技能运用情况进行测评，并将结果填入表 1-3 内。

表 1-3 任务测评表							
评价项目	评价标准	分值	评分要求	自评	互评	师评	得分
安全 /8S/ 团队合作	1. 能进行工位 8S 操作； 2. 能进行设备和工具安全检查； 3. 能进行安全防护工作； 4. 能进行工具清洁、校准、归位存放操作； 5. 遵守三不落地要求	15	未完成 1 项扣 3 分，扣分不得超过 15 分	□熟练 □不熟练	□熟练 □不熟练	□合格 □不合格	
专业技术能力	作业 1 1. 正确识读装配图； 2. 正确装配零件； 3. 看懂零件的尺寸要求； 4. 熟练表达各尺寸术语； 5. 判断间隙配合与过盈配合； 6. 能正确绘制公差带图； 7. 能准确判断配合类型。 作业 2 1. 分析链传动中的配合； 2. 能查阅资料、运用知识	45	未完成 1 项扣 5 分，扣分不得超过 45 分	□熟练 □不熟练	□熟练 □不熟练	□合格 □不合格	
工具及设备的使用能力	1. 能正确使用游标卡尺； 2. 能正确使用千分尺	10	未完成 1 项扣 5 分，扣分不得超过 10 分	□熟练 □不熟练	□熟练 □不熟练	□合格 □不合格	
资料、信息查询能力	1. 能与相关专业课程知识点联系； 2. 理论与实践相结合； 3. 通过查阅资料拓展知识	15	未完成 1 项扣 5 分，扣分不得超过 15 分	□熟练 □不熟练	□熟练 □不熟练	□合格 □不合格	
数据判断和分析能力	1. 能准确测量尺寸，判断零件是否合格； 2. 能分析图样，用专业术语进行规范表达； 3. 能分析公差带图、判断配合类型	15	未完成 1 项扣 5 分，扣分不得超过 15 分	□熟练 □不熟练	□熟练 □不熟练	□合格 □不合格	
教师签字		100	教师总评	□合格 □不合格	实训成绩		

任务二 极限与配合的查表及标注

任务名称	极限与配合的查表及标注		学 时		任务成绩	
学生姓名		班级/组别		工单号		实训日期	
实训设备、工具及仪器	孔与轴配套零件及图样、绘图工具、"技术要求"查表资料		实训场地	理实一体化中心	实训教师	
任务目的	看懂零件图、装配图上孔、轴尺寸及配合；明确公差带代号、基本偏差代号和公差带代号的意义；会查表确定上、下偏差值或通过基本偏差和公差值换算极限尺寸；学会绘制孔与轴公差带图，并分析配合制及配合类型；能在零件图和装配图上正确标注极限与配合					

一、任务资讯

1. 国家标准规定，公差带的大小由_____确定，公差带的位置由_____确定。

2. 标准公差的数值由_____和_____来确定。

3. 标准公差国家标准设置了_____个公差等级，_____级精度最高，_____级精度最低。

4. 当公差带在零线上方时，基本偏差为_____偏差；当公差带在零线下方时，基本偏差为_____偏差。

5. 基本偏差的代号用字母表示，国家标准对孔和轴各规定了_____个基本偏差，对孔用_____字母表示，对轴用_____字母表示。

6. 国家标准对孔与轴公差带之间的相互关系规定了两种基准制，即_____和_____。

7. 同一轴与公称尺寸相同的几个孔配合，且配合性质要求不同的情况下选用_____制。

8. 当零件与滚动轴承配合时，滚动轴承内圈与轴的配合采用_____制，而滚动轴承外圈与孔的配合采用_____制。

二、计划与决策

请根据所学知识和任务要求，确定所需的工件、测量设备和工具，并对小组成员进行合理分工，制订详细的任务实施计划。

1. 需要的设备和工具：_____

_____

2. 小组成员分工：_____

_____

3. 任务实施计划：_____

_____

三、任务实施

1. 极限偏差值查表方法

（1）查表写出 $\phi18H8/f7$ 的偏差值，并绘制公差带图，说明属于何种配合制度的配合。

① $\phi18H8/f7$ 中的_____为基准孔的公差带代号，_____为轴的公差带代号。

② $\phi18H8$ 基准孔的极限偏差，在"孔极限偏差表"中由 14~18 mm 所在行和公差带 H8 所在列汇交处查得_____μm，这就是基准孔的上、下极限偏差，标注为_____，基准孔的公差为_____mm。

③ $\phi18f7$ 轴的极限偏差在附录三中由 14~18 mm 所在"行"和公差带 f7 所在"列"汇交处查得_____μm，这就是轴的上、下极限偏差，标注为_____，轴的公差为_____mm。

④绘制 $\phi18H8/f7$ 公差带图：

⑤由上公差带图可知，孔的公差带在轴的公差带之_____，所以该配合为基孔制_____配合。

⑥ $\phi18H8/f7$ 的含义：_____。

2. 查表写出 $\phi14N7/h6$ 的偏差值，并绘制公差带图，说明属于何种配合制度的配合。

① $\phi14N7/h6$ 中的_____为基准轴的公差带代号，_____为孔的公差带代号。

②查表 $\phi14N7$ 的孔基本偏差数值为_____，这就是孔的上、下偏差，标注为_____。

③ $\phi14h6$ 基准轴的极限偏差，从基本偏差系列中可以看出 h 的_____（上、下）偏差在零线上，因此为 0 mm，查阅附录三中的数值为_____，这就是基准轴的上、下偏差，标注为_____。

④绘制 $\phi14N7/h6$ 公差带图：

⑤由上公差带图可知，孔的公差带在轴的公差带之_____，所以该配合为基轴制_____配合。

⑥ $\phi14N7/h6$ 的含义：_____。

2. 极限偏差值标注

如图 1-6 所示，若轴环、轴套、轴装配时需要有两处孔与轴相互配合，其中一处为基轴制配合，孔、轴基本尺寸为 ϕ15 mm，轴的公差值为 0.018 mm，孔的上偏差为 +0.043 mm，下偏差为 +0.016 mm。另一处为基孔制配合，孔、轴基本尺寸为 ϕ18 mm，孔的公差为 0.018 mm，轴的上偏差为 +0.029 mm，下偏差为 +0.018 mm。

任务要求：

1. 根据上面的描述，可知公称尺寸为 ϕ15 mm 处配合轴的上偏差是_____，下偏差是_____；孔公差值是_____；该处配合为_____配合；试查表确定孔、轴的公差带代号分别为_____和_____。

2. 根据上面的描述，可知公称尺寸为 ϕ18 mm 处配合孔的上偏差是_____，下偏差是_____；轴的最大极限尺寸是_____，最小极限尺寸是_____，公差值为_____；该处配合为_____配合；试查表确定孔、轴的公差带代号分别为_____和_____。

3. 根据上面的尺寸，在图上标注轴环、轴套、轴孔的尺寸及其配合尺寸。

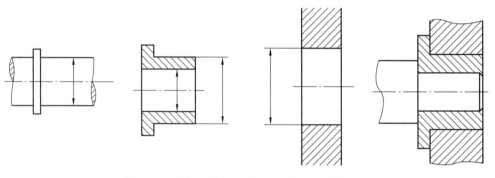

图 1-6　轴、轴套、轴环零件图及装配图

四、检查与评估

请根据任务完成的情况，对任务实施进行检查与自我评估，并提出改进意见。

1. _____

2. _____

3. _____

4. _____

5. _____

6. _____

五、任务评价与反馈

对本任务的知识掌握和技能运用情况进行测评，并将结果填入表1-4内。

表1-4 任务测评表

评价项目	评价标准	分值	评分要求	自评	互评	师评	得分
安全/8S/团队合作	1. 能进行工位8S操作； 2. 能进行设备和工具安全检查； 3. 能进行安全防护工作； 4. 能进行工具清洁、校准、归位存放操作； 5. 遵守三不落地要求	15	未完成1项扣3分，扣分不得超过15分	□熟练 □不熟练	□熟练 □不熟练	□合格 □不合格	
专业技术能力	作业1 1.能正确写出孔、轴公差带代号； 2. 能正确查表确定孔、轴的上、下偏差； 3. 能正确计算公差值； 4. 能正确绘制公差带图； 5. 能分析孔、轴配合类型。 作业2 1. 能正确计算、标注尺寸的公差带代号和上下偏差； 2. 能分析装配图上的配合尺寸； 3. 能分析孔、轴配合情况； 4. 会查孔、轴基本偏差表	45	未完成1项扣5分，扣分不得超过45分	□熟练 □不熟练	□熟练 □不熟练	□合格 □不合格	
工具及设备的使用能力	1. 会查阅工具书； 2. 正确使用常用测量工具	10	未完成1项扣5分，扣分不得超过10分	□熟练 □不熟练	□熟练 □不熟练	□合格 □不合格	
资料、信息查询能力	1. 识读图样的尺寸要求； 2. 能查阅公差值计算相关参数； 3. 熟练地查阅偏差表	15	未完成1项扣5分，扣分不得超过15分	□熟练 □不熟练	□熟练 □不熟练	□合格 □不合格	
数据判断和分析能力	1. 分析装配图配合部位的意义； 2. 确定零件图上有尺寸要求的原因； 3. 查表确定尺寸、分析尺寸精度及加工	15	未完成1项扣3分，扣分不得超过15分	□熟练 □不熟练	□熟练 □不熟练	□合格 □不合格	
教师签字		100	教师总评	□合格 □不合格	实训成绩		

项目二　形状和位置公差

任务一　认识形位公差

<table>
<tr><td>任务名称</td><td colspan="2">认识形位公差</td><td>学 时</td><td></td><td>任务成绩</td><td></td></tr>
<tr><td>学生姓名</td><td></td><td>班级 / 组别</td><td>工单号</td><td></td><td>实训日期</td><td></td></tr>
<tr><td>实训设备、工具及仪器</td><td colspan="2">零件、图样</td><td>实训场地</td><td>理实一体化中心</td><td>实训教师</td><td></td></tr>
<tr><td>任务目的</td><td colspan="6">掌握形位公差的项目名称及符号；能够正确认识零件图中的形位公差项目及符号含义</td></tr>
</table>

一、任务资讯

1. 实际图样上给出了形状或（和）位置公差的要素，图样上的被测要素就是需要研究确定其________的要素。

2. 基准要素就是用来确定理想被测要素的________的要素。通常基准要素由设计者在图样上标注。

3. 基本几何体均由点、线、面构成，这些点、线、面称为________（简称要素），组成这个零件的几何要素有：点，如________、________；线，如________、________、________；面，如________、________、________、________。

4. 中心要素指轮廓要素对称中心所表示的________、________、________要素。

5. 形位公差符号 ▱ 的名称是________；形位公差符号 ○ 的名称是________。

6. 形位公差符号 // 的名称是________；形位公差符号 ⊥ 的名称是________；形位公差符号 ◎ 的名称是________；形位公差符号 ≑ 的名称是________；形位公差符号 ↗ 的名称是________。

二、计划与决策

请根据所学知识和任务要求，确定所需的工件、测量设备和工具，并对小组成员进行合理分工，制订详细的任务实施计划。

1. 需要的设备和工具：____

2. 小组成员分工：____

3. 任务实施计划：____

____

三、任务实施

如图 2-1 所示轴零件图，按照图示所给定的形位公差代号要求写出每个代号各部分所表示的含义。

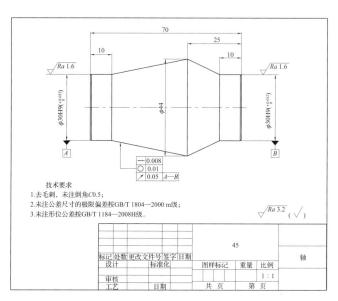

图 2-1 轴零件图

任务中所给定的形位公差参数及要求，按国家标准相关规定分别转化为形位公差代号，如表 2-1 所示。

表 2-1 轴零件各处形位公差项目符号报告单

序号	形位公差项目	形位公差项目名称	被测要素	基准要素	公差数值
1					
2					
3					
4					

四、检查与评估

请根据任务完成的情况，对任务实施进行检查与自我评估，并提出改进意见。

1. _____

_____

2. _____

_____

3. _____

_____

五、任务评价与反馈

对本任务的知识掌握和技能运用情况进行测评，并将结果填入表 2-2 内。

表 2-2　任务测评表

评价项目	评价标准	分值	评分要求	自评	互评	师评	得分
安全 /8S/团队合作	1. 能进行工位 8S 操作； 2. 能进行设备和工具安全检查； 3. 能进行安全防护工作； 4. 能进行工具清洁、校准、归位存放操作； 5. 遵守三不落地要求	15	未完成 1 项扣 3 分，扣分不得超过 15 分	□熟练 □不熟练	□熟练 □不熟练	□合格 □不合格	
专业技术能力	1. 能认识几何要素； 2. 能认识形位公差项目的名称、符号及基准符号； 3. 能认识图样中形位公差符号	48	未完成 1 项扣 16 分，扣分不得超过 48 分	□熟练 □不熟练	□熟练 □不熟练	□合格 □不合格	
工具及设备的使用能力	能正确看懂图样	10	未完成 1 项扣 5 分，扣分不得超过 10 分	□熟练 □不熟练	□熟练 □不熟练	□合格 □不合格	
资料、信息查询能力	1. 能与相关专业课程知识点联系； 2. 理论与实践相结合； 3. 通过查阅资料拓展知识	12	未完成 1 项扣 4 分，扣分不得超过 12 分	□熟练 □不熟练	□熟练 □不熟练	□合格 □不合格	
数据判断和分析能力	1. 能分析图样，用专业术语进行规范表达形位公差要求； 2. 能正确认识形位公差项目符号	15	未完成 1 项扣 5 分，扣分不得超过 10 分	□熟练 □不熟练	□熟练 □不熟练	□合格 □不合格	
教师签字		100	教师总评	□合格 □不合格	实训成绩		

任务二 形位公差的标注

任务名称	形位公差的标注		学 时		任务成绩	
学生姓名		班级／组别		工单号	实训日期	
实训设备、工具及仪器	铅笔、直尺、三角板、圆规、分规、橡皮		实训场地	理实一体化中心	实训教师	
任务目的	掌握形位公差代号和基准符号的标注方法；学会常见形位公差的标注方法；能根据技术要求对典型零件形位公差进行正确的标注					

一、任务资讯

　　1.若被测要素为轮廓要素，框格指引线箭头应与该要求的尺寸线_____；若被测要素为中心要素，框格指引线箭头应与该要求的尺寸线_____。在形状公差中，当被测要素是一空间直线，若给定一个方向时，其公差带是_____之间的区域；若给定任意方向时，其公差带是_____区域。

　　2.圆度的公差带形状是_____，圆柱度的公差带形状是_____。

　　3.由于_____包括了圆柱度误差和同轴度误差，当_____不大于给定的圆柱度公差值时，可以肯定圆柱度误差不会超差。

　　4.当零件端面制成_____时，端面圆跳动可能为零，但却存在垂直度误差。

　　5.径向圆跳动公差带与圆度公差带在形状方面_____，但前者公差带圆心的位置是_____；而后者公差带圆心的位置是_____。

二、计划与决策

　　请根据所学知识和任务要求，确定所需的工件、测量设备和工具，并对小组成员进行合理分工，制订详细的任务实施计划。

　　1.需要的设备和工具：_____

_____

　　2.小组成员分工：_____

　　3.任务实施计划：_____

_____

三、任务实施

如图 2-2 所示轮毂零件图，按照所给定的形位公差参数及要求先转化为形位公差的代号，再按要求在图中进行标注：

（1）ϕ100h8 圆柱面对 ϕ40H7 孔轴线的径向圆跳动公差为 0.025 mm。

（2）ϕ40H7 孔圆柱度公差为 0.007 mm。

（3）左右两凸台端面对 ϕ40H7 孔轴线的圆跳动公差为 0.012 mm。

（4）轮毂键槽（中心面）对 ϕ40H7 孔轴线的对称度公差为 0.02 mm。

（5）左端面的平面度公差为 0.012 mm。

（6）右端面对左端面的平行度公差为 0.03 mm。

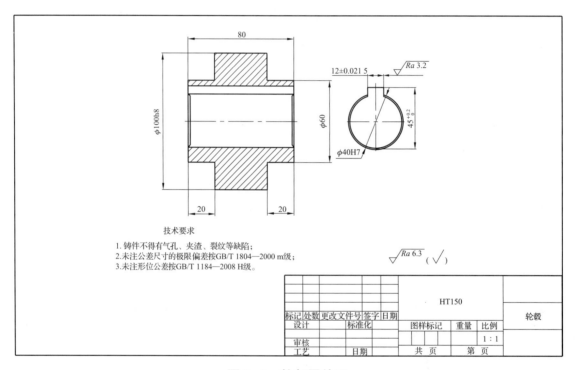

图 2-2　轮毂零件图

1.任务中所给定的形位公差参数及要求，按国家标准相关规定分别转化为形位公差代号，如表 2-3 所示。

表 2-3　轮毂各处形位公差项目符号报告单

序号	被测要素	形位公差项目符号	序 号	被测要素	形位公差项目符号
1	ϕ100h8 圆柱面		4	左右两凸台端面	
2	ϕ40H7 孔圆柱面		5	轮毂键槽（中心面）	
3	$12 \pm 0.021\,5$		6	右端面	

备注：表格中空白处由教师引导，学生自主完成。

2.在零件图样上标注形位公差项目符号。

如图 2-3 所示轮毂，标注时应根据图样的空间大小，选择恰当的标注方法，尽可能将项目符号标注在反映轮廓形状的视图上。

表面结构代号的标注
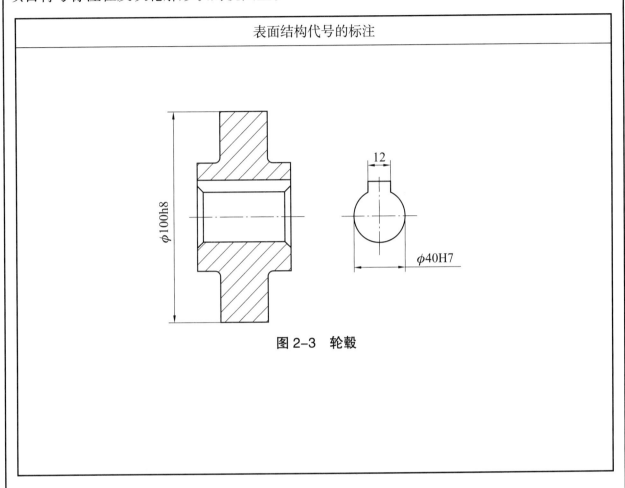 图 2-3　轮毂

四、检查与评估

请根据任务完成的情况，对任务实施进行检查与自我评估，并提出改进意见。

1. _____

_____

2. _____

_____

3. _____

_____

五、任务评价与反馈

对本任务的知识掌握和技能运用情况进行测评，并将结果填入表 2-4 内。

表 2-4 任务测评表

评价项目	评价标准	分值	评分要求	自评	互评	师评	得分
安全 /8S/ 团队合作	1. 能进行工位 8S 操作； 2. 能进行设备和工具安全检查； 3. 能进行安全防护工作； 4. 能进行工具清洁、校准、归位存放操作； 5. 遵守三不落地要求	15	未完成 1 项扣 3 分，扣分不得超过 15 分	□熟练 □不熟练	□熟练 □不熟练	□合格 □不合格	
专业技术能力	作业 1 1. 正确认识几何要素； 2. 掌握形位公差项目的名称、符号及基准符号的标记方法； 3. 能理解并掌握形位公差带的特征及公差带的含义； 4. 正确识读形位公差项目的符号并理解其含义。 作业 2 1. 正确标注形位公差项目符号； 2. 能查阅资料、运用知识	48	未完成 1 项扣 8 分，扣分不得超过 48 分	□熟练 □不熟练	□熟练 □不熟练	□合格 □不合格	
工具及设备的使用能力	能正确使用绘图工具	10	未完成 1 项扣 5 分，扣分不得超过 10 分	□熟练 □不熟练	□熟练 □不熟练	□合格 □不合格	
资料、信息查询能力	1. 能与相关专业课程知识点联系； 2. 理论与实践相结合； 3. 通过查阅资料拓展知识	12	未完成 1 项扣 4 分，扣分不得超过 12 分	□熟练 □不熟练	□熟练 □不熟练	□合格 □不合格	
数据判断和分析能力	1. 能分析图样，用专业术语进行规范表达形位公差要求； 2. 能正确标注形状公差项目符号	15	未完成 1 项扣 5 分，扣分不得超过 15 分	□熟练 □不熟练	□熟练 □不熟练	□合格 □不合格	
教师签字		100	教师总评	□合格 □不合格	实训成绩		

任务三　形位误差的检测

任务名称	形位误差的检测		学　时		任务成绩	
学生姓名		班级/组别		工单号	实训日期	
实训设备、工具及仪器	检验平板、V形架、杠杆百分表及表座、全棉布数块等		实训场地	理实一体化中心	实训教师	
任务目的	掌握标准中所规定的评定形位误差的检测原则；学会运用最小区域法确定形位误差大小的方法					

一、任务资讯

1.用刀口尺测量直线度误差的方法：将刀口尺的_____与实际轮廓贴紧，实际轮廓与_____之间的_____就是直线度误差。

2.检测外圆表面的圆度误差时，可用_____测出同一正截面的最大_____差，此差值的_____即该截面的圆度误差。

3.检测外圆表面的圆柱度误差时，可用_____测出同一截面的最大直径差，此差值的_____就是该截面的圆柱度公差。

4.检测轴上键槽中心平面对轴线的对称度误差时，基准轴线由_____模拟，键槽中心平面由_____模拟。

5.检测对称度误差时，取其测量截面内对应两测点的_____作为对称度误差。

二、计划与决策

请根据所学知识和任务要求，确定所需的工件、测量设备和工具，并对小组成员进行合理分工，制订详细的任务实施计划。

1.需要的设备和工具：_____

_____

2.小组成员分工：_____

3.任务实施计划：_____

_____

三、任务实施

图 2-4 所示为传动轴零件图，与轴承配合，其形位误差将直接影响零件的装配、传动精度和使用寿命。图中标注多个形位公差要求。零件加工后，必须通过检测，根据测得的形位误差是否在其公差范围内来判断零件是否合格。

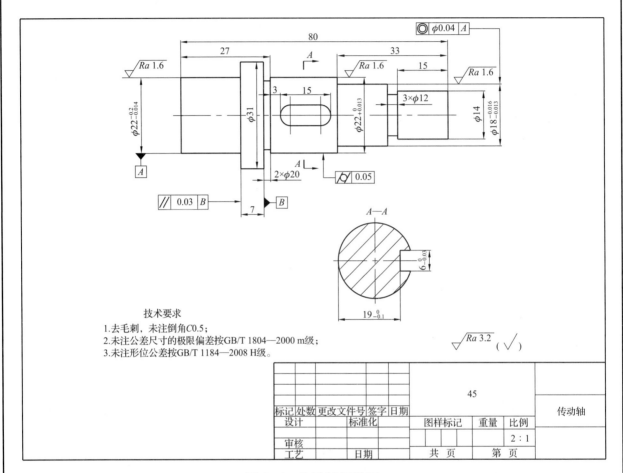

技术要求
1. 去毛刺，未注倒角C0.5；
2. 未注公差尺寸的极限偏差按GB/T 1804—2000 m级；
3. 未注形位公差按GB/T 1184—2008 H级。

							45			传动轴
标记	处数	更改文件号	签字	日期						
设计			标准化			图样标记		重量	比例	
审核									2：1	
工艺			日期			共 页		第 页		

图 2-4 传动轴零件图

1. 测量前准备工作

（1）本次测量任务：先识读传动轴的形位公差的标注，有三处需要检验，分别是圆柱度、平行度、同轴度。

（2）测量方案确定：圆柱度采用三点法测量，垂直度误差测量，测量右端 $\phi22$ mm 圆柱的轴线对基准 B $\phi31$ mm 圆柱右端面的垂直度。

（3）测量器具准备：检验平板、角铁、V 形架、杠杆百分表及表座、被测件、全棉布数块、防锈油等。

2. 测量步骤

（1）三点法测量圆柱度误差的测量步骤：

①被测零件放在平板的 V 形架上。

②百分表（或千分表）测量杆垂直指向测量面，并有 0.5~1 mm 的压缩量，如图 2-5 所示。

③转动工件，记录被测零件在回转一周过程中百分表读数的最大值和最小值。

④按上述方法测量若干个截面。

⑤计算读数之差的一半，取最大值为该圆柱的圆柱度误差。

按步骤完成测量并将被测件的相关信息及测量结果填入测量报告单中，如表 2-5 所示。

（2）百分表测量平行度误差。

①将被测零件放置在平板上。

②百分表（或千分表）的测头垂直指向被测表面，并使表测头有一定的预压量，如图 2-6 所示。

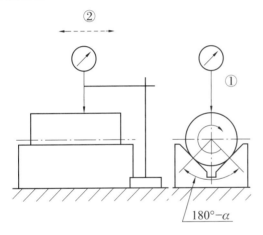

图 2-5　三点法测量圆柱度误差　　　　　图 2-6　测量平行度误差

③百分表（或千分表）的测头在整个被测表面上多方向地移动进行测量。

④取百分表（或千分表）的最大与最小读数。

⑤按步骤完成测量并将被测件的相关信息及测量结果填入测量报告单中，如表 2-6 所示。

（3）同轴度误差测量。

①将工件、工量具擦净。

②V 形架放置在检验平板上，工件的基准端安置在 V 形架的 V 形槽上，表座上安装好杠杆百分表，使杠杆百分表的测头接触被测面，并有 0.3~0.5 mm 的预压量，如图 2-7 所示。

③安装好百分表及表架，调节百分表，使测头与工件被测外表面接触，并有 1~2 圈的压缩量，如图 2-8 所示。

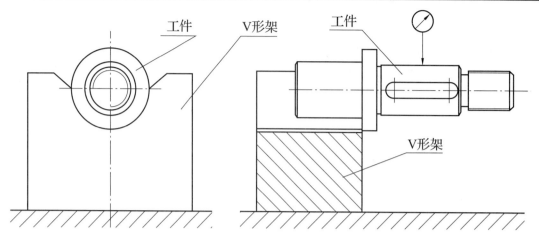

图 2-7　安装工件

图 2-8　调节百分表读数

④缓慢而均匀地转动工件一周，并观察百分表指针的波动，记录最大读数 M_{max} 与最小读数 M_{min} 差值的一半，作为该截面的同轴度误差。

⑤移动表位，按上述方法测量 4~5 个位置。

计算每组读数的最大值 M_{max} 与最小值 M_{min} 差值之半中的最大值。取最大值为该同轴度误差。

（4）完成检测报告，如表 2-7 所示，整理实验器具。

3. 测量报告

按步骤完成测量并将被测件的相关信息及测量结果填入测量报告单中，如表 2-5~表 2-7 所示。

表 2-5　圆柱度误差报告单

测量点	截面 1	截面 2	截面 3	截面 4	截面 5
最大值 M_{max}					
最小值 M_{min}					
计算 $(M_{max}-M_{min})/2$					
圆柱度误差：			判断合格性：		

表 2-6　平行度误差报告单

百分表读数	测量记录和数据处理				
	位置	1	2	3	4
	M_{max}				
	M_{min}				
$\Delta=M_{max}-M_{min}$					
平行度误差 $\Delta_{max}=$　　　　mm			判断合格性：		

表 2-7　同轴度误差报告单

百分表读数	测量记录和数据处理				
	位置	1	2	3	4
	M_{max}				
	M_{min}				
$\Delta=M_{max}-M_{min}$					
同轴度误差 $\Delta_{max}=$　　　　mm			判断合格性：		

四、检查与评估

请根据任务完成的情况，对任务实施进行检查与自我评估，并提出改进意见。

1. _____

_____

2. _____

_____

3. _____

_____

五、任务评价与反馈

对本任务的知识掌握和技能运用情况进行测评，并将结果填入表 2-8 内。

表 2-8　任务测评表

评价项目	评价标准	分值	评分要求	自评	互评	师评	得分
安全 /8S/ 团队合作	1. 能进行工位 8S 操作； 2. 能进行设备和工具安全检查； 3. 能进行安全防护工作； 4. 能进行工具清洁、校准、归位存放操作； 5. 遵守三不落地要求	15	未完成 1 项扣 3 分，扣分不得超过 15 分	□熟练 □不熟练	□熟练 □不熟练	□合格 □不合格	
专业技术能力	作业 1 1. 掌握形位误差的检测原则； 2. 理解形位误差的评定原则； 3. 掌握形状误差的检测方法； 4. 掌握方向误差的检测方法。 作业 2 1. 能判断零件形位误差是否合格； 2. 会查阅资料，运用所学知识	48	未完成 1 项扣 8 分，扣分不得超过 48 分	□熟练 □不熟练	□熟练 □不熟练	□合格 □不合格	
工具及设备的使用能力	1. 能正确使用百分表； 2. 能正确使用千分尺	10	未完成 1 项扣 5 分，扣分不得超过 10 分	□熟练 □不熟练	□熟练 □不熟练	□合格 □不合格	
资料、信息查询能力	1. 能与相关专业课程知识点联系； 2. 理论与实践相结合； 3. 通过查阅资料拓展知识	12	未完成 1 项扣 4 分，扣分不得超过 12 分	□熟练 □不熟练	□熟练 □不熟练	□合格 □不合格	
数据判断和分析能力	1. 能准确测量数据、对比数据； 2. 能分析图样，用专业术语进行规范表达； 3. 能准确测量形位公差，判断零件是否合格	15	未完成 1 项扣 5 分，扣分不得超过 15 分	□熟练 □不熟练	□熟练 □不熟练	□合格 □不合格	
教师签字		100	教师总评	□合格 □不合格	实训成绩		

项目三　表面粗糙度

任务一　表面粗糙度代号与标注

任务名称	表面粗糙度代号与标注		学　时		任务成绩	
学生姓名		班级/组别		工单号	实训日期	
实训设备、工具及仪器	铅笔、三角板、圆规、橡皮		实训场地	理实一体化中心	实训教师	
任务目的	掌握表面粗糙度概念和表面粗糙度的基本术语；掌握表面结构的图形符号及标注方法；能够运用所学知识，读懂图样上的表面粗糙度含义和正确标注表面粗糙度要求					

一、任务资讯

1. 表面粗糙度评定参数 Ra 称为_____，Rz 称为_____。

2. 表面粗糙度符号中，基本符号为_____，表示表面可用任何方法获得。

3. 零件表面粗糙度为 12.5 μm 可用任何方式获得，其标注为_____。

4. 国家标准中规定表面粗糙度的主要评定参数有_____和_____两项。

5. 同一零件表面，工作表面的粗糙度参数值_____，非工作表面的粗糙度参数值_____。

6. 图 3-1 所示为定位销零件图，正确读图完成表 3-1 中表面结构代号的含义。

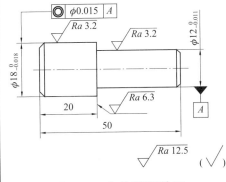

图 3-1　定位销零件图

表 3-1　表面结构代号的含义

符号	含义
$\sqrt{Ra\,6.3}$	
$\sqrt{Ra\,3.2}$	
$\sqrt{Ra\,12.5}\ (\sqrt{\ })$	

二、计划与决策

请根据所学知识和任务要求，确定所需的工件、测量设备和工具，并对小组成员进行合理分工，制订详细的任务实施计划。

1. 需要的设备和工具：_____

2. 小组成员分工：_____

3. 任务实施计划：_____

三、任务实施

如图3-2所示V带轮零件图，根据表3-2所示表面粗糙度参数及要求，完成以下任务：

（1）将表3-2中给定的表面粗糙度参数及要求转换为表面结构代号；

（2）在图3-2所示V带轮零件图上标注表面结构代号。

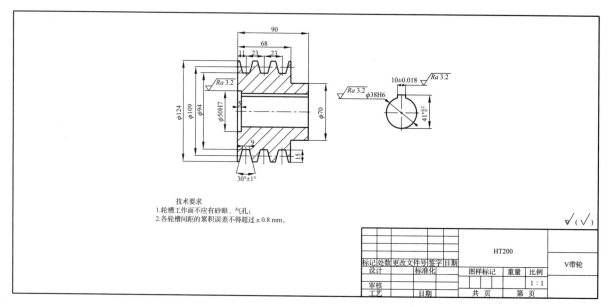

图 3-2 V带轮零件图

表 3-2 带轮表面粗糙度参数及要求

序号	形 式	参数及要求
1	圆柱孔	去除材料，轮廓算术平均偏差 Ra 的单向上限值为 0.8 μm
2	圆柱孔及孔底	去除材料，轮廓算术平均偏差 Ra 的单向上限值为 1.6 μm
3	键槽两侧及槽底	去除材料，轮廓算术平均偏差 Ra 的单向上限值为 3.2 μm
4	圆柱左端面	去除材料，轮廓算术平均偏差 Ra 的单向上限值为 3.2 μm
5	V带槽两侧面	去除材料，轮廓算术平均偏差 Ra 的上限值为 6.3 μm，下限值为 1.6 μm
6	其他表面	去除材料，轮廓算术平均偏差 Ra 的单向上限值均为 6.3 μm

1. 根据表3-2中所给定的各表面的表面粗糙度参数及要求，按国家标准相关规定分别转化为表面结构代号，如表3-3所示。

表 3-3 带轮各表面结构代号报告单

序号	形 式	各表面结构代号	序号	形 式	各表面结构代号
1	圆柱孔		4	圆柱左端面	
2	圆柱孔及孔底		5	V带槽两侧面	
3	键槽两侧及槽底		6	其他表面	

注：表格中空白处由教师引导，学生自主完成。

2. 在零件图样上标注表面结构代号

标注时应根据图样的空间大小，选择恰当的标注方法，尽可能将表面结构代号标注在反映轮廓形状的视图上，如表3-4所示。

表3-4 带轮各表面结构代号标注报告单

序号	各表面结构代号	表面结构代号的标注
1	标注 ϕ38H6 孔圆柱面的表面结构代号：将表面结构代号 $\sqrt{Ra\,3.2}$ 标注在 ϕ38H6 孔的轮廓上	
2	标注 ϕ50H7 孔的表面结构代号：为了节省空间，将表面代号 $\sqrt{Ra\,3.2}$ 标注在 ϕ50H7 的尺寸线上	
3	标注 ϕ50H7 孔底的表面结构代号：由于图内空间较小，必须采用引出标注，所以将表面结构代号 $\sqrt{Ra\,3.2}$ 水平注写，且符号的尖底标注在带箭头的指引线上	
4	标注宽度为 10 ± 0.018 的键槽两侧面的表面结构代号：将表面结构代号 $\sqrt{Ra\,3.2}$ 的尖底标注在 10 ± 0.018 的尺寸线的延长线上	
5	标注键槽底面的表面结构代号	
6	标注圆柱左端面的表面结构代号	
7	标注圆柱右端面的表面结构代号	

四、检查与评估

请根据任务完成的情况，对任务实施进行检查与自我评估，并提出改进意见。

1. _____

_____

2. _____

_____

3. _____

_____

五、任务评价与反馈

对本任务的知识掌握和技能运用情况进行测评，并将结果填入表 3-5 内。

表 3-5　任务测评表

评价项目	评价标准	分值	评分要求	自评	互评	师评	得分
安全 /8S/ 团队合作	1. 能进行工位 8S 操作； 2. 能进行设备和工具安全检查； 3. 能进行安全防护工作； 4. 能进行工具清洁、校准、归位存放操作； 5. 遵守三不落地要求	15	未完成 1 项扣 3 分，扣分不得超过 15 分	□熟练 □不熟练	□熟练 □不熟练	□合格 □不合格	
专业技术能力	作业 1 1. 能理解表面粗糙度概念及对工件的影响； 2. 能学会表面结构要求的评定参数； 3. 能熟练表达表面结构符号及代号； 4. 能正确理解表面粗糙度的标注内容及学会表面粗糙度标注图例。 作业 2 1. 能正确标注各种零件表面的表面粗糙度； 2. 能查阅资料，运用知识	48	未完成 1 项扣 8 分，扣分不得超过 48 分	□熟练 □不熟练	□熟练 □不熟练	□合格 □不合格	
工具及设备的使用能力	1. 能正确使用铅笔； 2. 能正确使用直尺	10	未完成 1 项扣 5 分，扣分不得超过 10 分	□熟练 □不熟练	□熟练 □不熟练	□合格 □不合格	
资料、信息查询能力	1. 能与相关专业课程知识点联系； 2. 理论与实践相结合； 3. 通过查阅资料拓展知识	12	未完成 1 项扣 4 分，扣分不得超过 12 分	□熟练 □不熟练	□熟练 □不熟练	□合格 □不合格	
数据判断和分析能力	1. 能准确解释表面粗糙度含义； 2. 能分析图样，用专业术语进行规范表达； 3. 能判断表面质量是否合格	15	未完成 1 项扣 5 分，扣分不得超过 15 分	□熟练 □不熟练	□熟练 □不熟练	□合格 □不合格	
教师签字		100	教师总评	□合格 □不合格	实训成绩		

任务二 表面粗糙度的应用与检测

任务名称	表面粗糙度的应用与检测		学 时		任务成绩	
学生姓名		班级 / 组别		工单号		实训日期
实训设备、工具及仪器	粗糙度比较样块、被测件、全棉布数块、防锈油		实训场地	理实一体化中心	实训教师	
任务目的	掌握表面粗糙度的检测原理、方法及适用场合；能够使用表面粗糙度测量仪检测表面粗糙度					

一、任务资讯

1. 金属材料的表面粗糙度的检测有_____、_____、_____、_____、_____测量法等。

2. 测量表面粗糙度时，为排除波纹度和形状误差对表面粗糙度的影响，应把测量长度限制在一段足够短的长度上，该长度称为_____。

3. 双管显微镜测量表面粗糙度，采用的是_____测量方法（非接触 / 接触）。

4. 测量表面粗糙度时，规定取样长度的目的是限制和减弱_____对测量结果的影响。

5. 常见的检测表面结构参数的方法有哪些？

6. 表面粗糙度对零件使用性能有哪些影响？

7. 评定表面粗糙度的幅度参数有哪些？分别论述其含义和代号。

二、计划与决策

请根据所学知识和任务要求，确定所需的工件、测量设备和工具，并对小组成员进行合理分工，制订详细的任务实施计划。

1. 需要的设备和工具：_____

_____

2. 小组成员分工：_____

3. 任务实施计划：_____

_____

三、任务实施

图 3-3 所示为传动轴零件图。根据图中各表面相应的表面粗糙度要求，在车间的生产环境下，方便、快捷、合理地检测该零件各表面粗糙度值，并判断零件表面粗糙度是否符合技术要求。

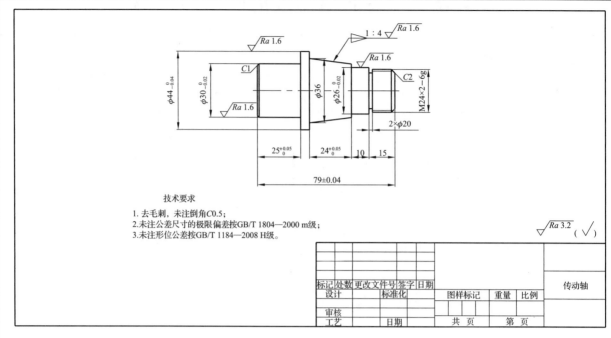

技术要求

1. 去毛刺，未注倒角C0.5；
2. 未注公差尺寸的极限偏差按GB/T 1804—2000 m级；
3. 未注形位公差按GB/T 1184—2008 H级。

$\sqrt{Ra\,3.2}$ ($\sqrt{}$)

标记	处数	更改文件号	签字	日期				传动轴
设计		标准化			图样标记	重量	比例	
审核								
工艺		日期			共 页		第 页	

图 3-3　传动轴零件图

1. 测量前准备工作

（1）本次测量任务：先识读传动轴的标注，$\phi 30$ mm、$\phi 44$ mm、$\phi 26$ mm 的外圆面和 $\phi 36$ mm 的外圆锥面的表面粗糙度要求为 $Ra1.6$ μm，其余表面粗糙度要求为 $Ra6.3$ μm。

（2）测量方案确定：零件为车削加工，选用相应车削粗糙度比较样板，根据要求依次对各表面进行视觉和触觉比对。

（3）测量器具准备：粗糙度比较样块、被测件、全棉布数块、防锈油等。

2. 测量零件

（1）将被检零件表面擦拭干净，并根据零件的加工方法选择合适的粗糙度比较样块。用目测和手摸评估零件的表面粗糙度，方法适用于评估 Ra 的数值在 1~10 μm 的零件。

（2）选取车床粗糙度比较样块，如图 3-4 所示。

（3）如图 3-5 所示，用视觉法将被检表面与标准粗糙度比较样块的工作面进行比较。

图 3-4　车床粗糙度比较样块

图 3-5　视觉法

（4）如图 3-6 所示触觉法，用手指或指甲抚摸被检验表面和标准粗糙度比较样块的工作面，凭感觉判断。

图 3-6　触觉法

（5）完成测量报告（表 3-6），整理实验器具，擦拭比较样块，涂防锈油，收回盒内。

3. 测量报告

评定检测结果，判断的依据是零件加工刀痕的深浅，若被检零件加工刀痕深度不超过粗糙度比较样块痕迹的深度，则判定零件表面的结构参数不超过粗糙度比较样块的标称值。按步骤完成测量并将被测件的相关信息及测量结果填入测量报告单（表 3-6）中，并做出合格性判定。

表 3-6　传动轴各处表面粗糙度项目符号标注报告单

比对	$\phi 30$ mm	$\phi 44$ mm	$\phi 26$ mm	左端面	右端面
视觉法 1					
视觉法 2					
触觉法 1					
触觉法 2					
粗糙度值					
是否合格					

四、检查与评估

请根据任务完成的情况，对任务实施进行检查与自我评估，并提出改进意见。

1. _____

_____

2. _____

_____

五、任务评价与反馈

对本任务的知识掌握和技能运用情况进行测评，并将结果填入表3-7内。

表3-7　任务测评表

评价项目	评价标准	分值	评分要求	自评	互评	师评	得分
安全/8S/团队合作	1.能进行工位8S操作； 2.能进行设备和工具安全检查； 3.能进行安全防护工作； 4.能进行工具清洁、校准、归位存放操作； 5.遵守三不落地要求	15	未完成1项扣3分，扣分不得超过15分	□熟练 □不熟练	□熟练 □不熟练	□合格 □不合格	
专业技术能力	作业1 　1.能正确理解表面粗糙度评定参数的选用； 　2.能正确表达表面粗糙度的检测方法； 　3.能简单描述样块比较法； 　4.能熟练描述常见的仪器检测法； 　5.能判断如何选择合适仪器检测表面要求。 作业2 能分析表面质量的检测方法	48	未完成1项扣8分，扣分不得超过48分	□熟练 □不熟练	□熟练 □不熟练	□合格 □不合格	
工具及设备的使用能力	1.能正确使用粗糙度比较样块； 2.能正确使用百分表	10	未完成1项扣5分，扣分不得超过10分	□熟练 □不熟练	□熟练 □不熟练	□合格 □不合格	
资料、信息查询能力	1.能与相关专业课程知识点联系； 2.理论与实践相结合； 3.通过查阅资料拓展知识	12	未完成1项扣4分，扣分不得超过12分	□熟练 □不熟练	□熟练 □不熟练	□合格 □不合格	
数据判断和分析能力	1.能准确测量表面，判断表面质量是否合格； 2.能分析图样，用专业术语进行规范表达； 3.能分析表面质量	15	未完成1项扣5分，扣分不得超过15分	□熟练 □不熟练	□熟练 □不熟练	□合格 □不合格	
教师签字		100	教师总评	□合格 □不合格	实训成绩		

项目四　测量工具与零件尺寸测量

任务一　用游标卡尺测量零件的长度、宽度和深度

任务名称	用游标卡尺测量 零件的长度、宽度和深度		学时		任务成绩	
学生姓名		班级／组别		工单号	实训日期	
实训设备、 工具及仪器	平板、游标卡尺		实训场地	理实一体化 中心	实训教师	
任务目的	熟悉量具的选用，零件的长度、宽度、深度测量步骤；能够用量具正确测量出零件的各项尺寸，判据合格性					

一、任务资讯

1. 游标卡尺分度值有_____、_____、_____三种。

2. 游标卡尺读数步骤是_____、_____、_____。

3. 游标卡尺两测量面的连线应_____于被测量表面，不能歪斜。

4. 用游标卡尺测量深度时，使尺身端面_____于被测零件的表面。

5. 简述游标卡尺测量零件尺寸的使用方法和维护保养。

二、计划与决策

请根据所学知识和任务要求，确定所需的工件、测量设备和工具，并对小组成员进行合理分工，制订详细的任务实施计划。

1. 需要的测量设备和工具：_____

_____

2. 小组成员分工：_____

_____

3. 任务实施计划：_____

_____

_____

三、任务实施

图4-1所示为燕尾板零件图，本任务要求对加工后的板件各部分进行尺寸测量，判据合格性。

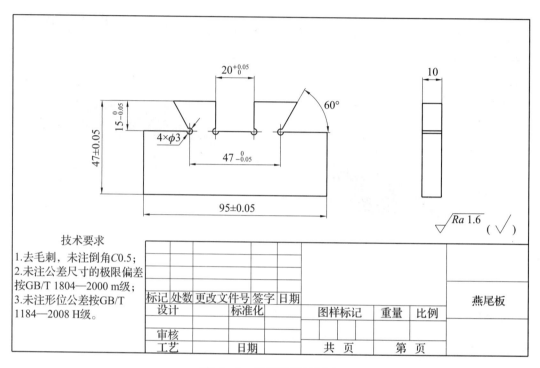

图4-1 燕尾板零件图

1. 测量准备工作

（1）擦净游标卡尺测量爪，检验游标卡尺，看是否对准零刻线；若零位不能对正，记下此时的读数值，各测量数据必须减去该读数值才能得到该线性尺寸的测量数值。

（2）活动游标，看游标卡尺是否灵活，注意温度对测量结果的影响。

（3）检查工件是否清洁、去除工件上的毛刺，用干净抹布擦去污物。

2. 测量工件

（1）测量长度和宽度（外）尺寸，首先应将外测量爪开口略大于被测尺寸，自由进入工件，以固定量爪贴住工件，然后移动游标，使活动量爪与另一工件表面相接触。可以直接读数，也可以拧紧紧固螺母，游标卡尺离开工件后读数，如图4-2和图4-3所示。

（2）测量内表面尺寸，应使游标卡尺量爪间距略小于被测工件的尺寸，将量爪沿孔或槽边缘线放入，使固定量爪与孔或沟槽接触，然后将量爪在被测工件内表面上稍微移动一下，找出最大尺寸，读出读数，如图4-4所示。

（3）测量深度尺寸，如图4-5所示，卡尺端面与被测工件的顶端平面贴合，同时保持深度尺与该顶端平面垂直，移动游标使深度尺下移与槽底部贴合，读数即槽的深度。

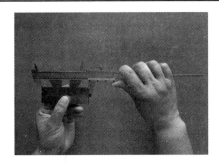

图 4-2 用游标卡尺测量零件长度尺寸

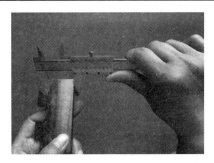

图 4-3 用游标卡尺测量零件宽度尺寸

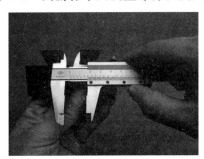

图 4-4 用游标卡尺测量工件内表面尺寸

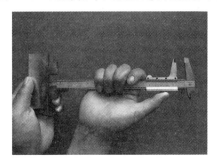

图 4-5 用游标卡尺测量零件深度尺寸

（4）测量结束，擦净游标卡尺，放回盒内。使用完毕应用干净棉布擦净，装入盒内。如果长时间不用，要放在干燥、无腐蚀物质、无振动和无强磁力的地方保管。

3. 数据处理

用游标卡尺测量燕尾板的长度、宽度、深度，将测量原始数据填入表 4-1 内，做合格性判定。

表 4-1 零件测量报告单

项目	图纸要求 /mm	量具	点 1 测量值	点 2 测量值	点 3 测量值	平均值	合格性判定
外尺寸	95 ± 0.05						
	47 ± 0.05						
	10						
槽宽	$20^{+0.05}_{0}$						
槽深	$15^{0}_{-0.05}$						

四、检查与评估

请根据任务完成的情况，对任务实施进行检查与自我评估，并提出改进意见。

1. ＿＿＿＿＿＿＿＿＿＿＿＿＿＿＿＿＿＿＿＿＿＿＿＿＿＿＿＿＿＿

2. ＿＿＿＿＿＿＿＿＿＿＿＿＿＿＿＿＿＿＿＿＿＿＿＿＿＿＿＿＿＿

3. ＿＿＿＿＿＿＿＿＿＿＿＿＿＿＿＿＿＿＿＿＿＿＿＿＿＿＿＿＿＿

五、任务评价与反馈

对本任务的知识掌握和技能运用情况进行测评，并将结果填入表 4-2 内。

表 4-2　任务测评表

评价项目	评价标准	分值	评分要求	自评	互评	师评	得分
安全 /8S/ 团队合作	1. 能进行工位 8S 操作； 2.能进行设备和工具安全检查； 3.能进行安全防护工作； 4.能进行工具清洁、校准、归位存放操作； 5. 遵守三不落地要求	15	未完成 1 项扣 3 分，扣分不得超过 15 分	□熟练 □不熟练	□熟练 □不熟练	□合格 □不合格	
专业技能能力	零件长度、宽度、深度的尺寸测量： 1. 能正确使用游标卡尺读数； 2. 能使用正确的测量方法测量零件的长度、宽度、深度； 3. 能正确写出读数值； 4. 能对读数值进行数据处理； 5.对读数值进行比较	50	未完成 1 项扣 10 分，扣分不得超过 50 分	□熟练 □不熟练	□熟练 □不熟练	□合格 □不合格	
工具及设备的使用能力	能正确使用游标卡尺	5	未完成 1 项扣 5 分，扣分不得超过 5 分	□熟练 □不熟练	□熟练 □不熟练	□合格 □不合格	
资料、信息查询能力	1. 能正确使用检测手册查询资料； 2. 能正确记录检测数据，并填入相关表格内	10	未完成 1 项扣 5 分，扣分不得超过 10 分	□熟练 □不熟练	□熟练 □不熟练	□合格 □不合格	
数据判断分析能力	1. 能用游标卡尺准确测量数据，判据零件合格性； 2. 能运用游标卡尺读数方法，准确读出测量数据	20	未完成 1 项扣 10 分，扣分不得超过 20 分	□熟练 □不熟练	□熟练 □不熟练	□合格 □不合格	
教师签字		100	教师总评	□合格 □不合格	实训成绩		

任务二　用外径千分尺测量零件的轴径

任务名称	用外径千分尺测量零件的轴径		学时		任务成绩	
学生姓名		班级 / 组别		工单号	实训日期	
实训设备、工具及仪器	平板、外径千分尺		实训场地	理实一体化中心	实训教师	
任务目的	熟悉量具的选用；零件轴径测量步骤；能够用量具正确测量出零件的各项尺寸，判据合格性					

一、任务资讯

1. 外径千分尺是一种精密的测微量具，常用分度值为_____。

2. 外径千分尺读数步骤分_____、_____、_____、_____四步。

3. 外径千分尺测量零件前，检查微分筒上的零线是否对准固定套筒的_____，且微分筒的端面是否正好使固定套筒上的零线露出来；若位置不对，需要用外径千分尺的_____校准零位。

4. 测微螺杆与零件被测量的尺寸方向应_____；测量外径时，测微螺杆要与零件的轴线_____，不要歪斜。

5. 用外径千分尺测量，当测砧表面接近被测零件表面时，改用转动测力装置，直到测力装置的棘轮发出_____响"咔咔"声即停止转动，读出数值。

6. 外径千分尺的使用方法和维护。

_____；

_____；

_____；

_____。

二、计划与决策

请根据所学知识和任务要求，确定所需的工件、测量设备和工具，并对小组成员进行合理分工，制订详细的任务实施计划。

1. 需要的测量设备和工具：_____

_____

2. 小组成员分工：_____

3. 任务实施计划：_____

_____

三、任务实施

图 4-6 所示为学生实习要加工的轴套零件图，学生加工后，用外径千分尺测量轴径，确定 $\phi 76_{-0.019}^{0}$ mm 轴段尺寸，判据合格性。

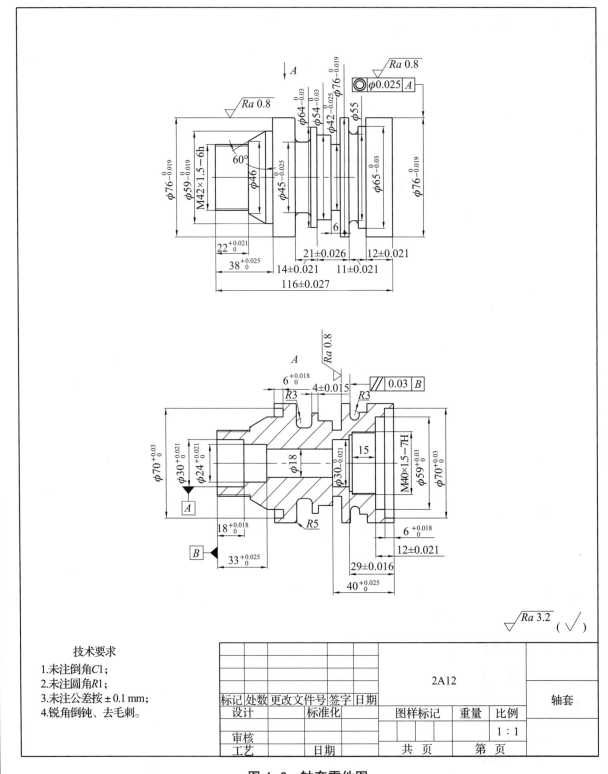

技术要求
1.未注倒角C1；
2.未注圆角R1；
3.未注公差按±0.1 mm；
4.锐角倒钝、去毛刺。

								2A12				轴套
标记	处数	更改文件号		签字	日期							
设计		标准化					图样标记		重量	比例		
审核										1：1		
工艺			日期				共　页		第　页			

图 4-6　轴套零件图

1. 测量准备工作

（1）选用与零件尺寸相适应的千分尺。

（2）清理工件被测表面，用干净棉布擦拭千分尺。

（3）测量 $\phi 76_{-0.019}^{0}$ mm 轴，应使用样棒校对外径千分尺零线，检查微分筒上的零线是否对准固定套筒的基准线，且微分筒的端面是否正好使固定套筒上的零线露出来，如图 4-7 和图 4-8 所示。

图 4-7　千分尺校准零线

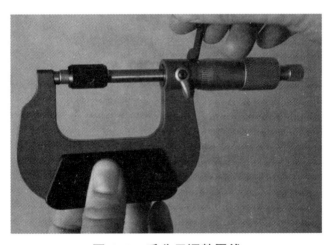

图 4-8　千分尺调整零线

2. 测量工件

（1）然后左手握尺架，右手转动微分筒，如图 4-9 所示，测量轴的中心线要与工件被测长度的方向一致，不要斜着测量，使测杆端面和被测零件轴线垂直，并接近轴套 $\phi 76_{-0.019}^{0}$ mm 轴外径表面。

（2）当测砧表面接近轴套外径表面时，改为转动测力装置，如图 4-10 所示，直到测力装置的棘轮发出两三响"咔咔"声即停止转动。

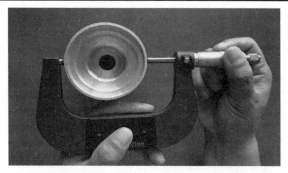

图 4-9　外径千分尺测量时转动微分筒

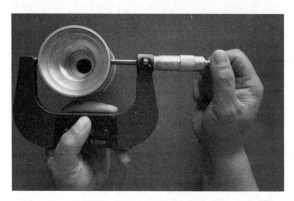

图 4-10　外径千分尺测量时转动测力装置

（3）读取数值时，尽量在零件上直接读取，但要使视线与刻线表面保持垂直；当离开工件读数时，必须先锁紧测微螺杆。

（4）测量结束，将千分尺两测砧擦拭干净，涂油并放入量具盒，置于干燥的地方。

3. 数据处理

用外径千分尺测量轴套的外径，将测量数据填入表 4-3 内，做合格性判定。

表 4-3　零件测量报告单

项目	图纸要求 /mm	量具	点 1 测量值	点 2 测量值	点 3 测量值	平均值	合格性判定
轴径	$\phi 76_{-0.019}^{0}$						

四、检查与评估

请根据任务完成的情况，对任务实施进行检查与自我评估，并提出改进意见。

1. _____

2. _____

3. _____

4. _____

5. _____

五、任务评价与反馈

对本任务的知识掌握和技能运用情况进行测评，并将结果填入表4-4内。

表4-4　任务测评表

评价项目	评价标准	分值	评分要求	自评	互评	师评	得分
安全/8S/团队合作	1. 能进行工位8S操作； 2. 能进行设备和工具安全检查； 3. 能进行安全防护工作； 4. 能进行工具清洁、校准、归位存放操作； 5. 遵守三不落地要求	15	未完成1项扣3分，扣分不得超过15分	□熟练 □不熟练	□熟练 □不熟练	□合格 □不合格	
专业技能能力	用外径千分尺测量零件的轴径： 1. 能正确使用外径千分尺读数； 2. 能使用正确的测量方法测量轴径； 3. 能正确写出读数值； 4. 能对读数值进行数据处理； 5. 能对读数值做比较	45	未完成1项扣9分，扣分不得超过45分	□熟练 □不熟练	□熟练 □不熟练	□合格 □不合格	
工具及设备的使用能力	1. 能正确使用外径千分尺测量零件； 2. 能正确使用外径千分尺读数	10	未完成1项扣5分，扣分不得超过10分	□熟练 □不熟练	□熟练 □不熟练	□合格 □不合格	
资料、信息查询能力	1. 能正确使用检测手册查询资料； 2. 能正确记录检测数据，填入相关表格内	10	未完成1项扣5分，扣分不得超过10分	□熟练 □不熟练	□熟练 □不熟练	□合格 □不合格	
数据判断和分析能力	1. 能用外径千分尺准确测量数据，判据零件合格性； 2. 能运用外径千分尺读数方法，准确读出测量数	20	未完成1项扣10分，扣分不得超过20分	□熟练 □不熟练	□熟练 □不熟练	□合格 □不合格	
教师签字		100	教师总评	□合格 □不合格	实训成绩		

任务三 用内径百分表测量零件的孔径

任务名称	用内径百分表测量零件的孔径		学时		任务成绩	
学生姓名		班级／组别		工单号	实训日期	
实训设备、工具及仪器	平板、千分尺、内径百分表		实训场地	理实一体化中心	实训教师	
任务目的	熟悉百分表的读数原理；能够学会内径百分表测量零件几何尺寸的方法和要点，判据合格性					

一、任务资讯

1. 百分表的分度值为_____，表盘圆周刻有 100 条等分刻线。因此，百分表的齿轮传动系统应使测杆移动 1 mm，指针回转_____。

2. 钟表式百分表测量时应使测杆与零件被测表面_____。测量圆柱面的直径时，测杆的中心线要通过被测量圆柱面的_____。

3. 钟表式百分表测量时应_____测杆，移动工件至测头_____（或将测头移至工件上），再_____放下与被测表面接触。不能急于_____测杆，否则易造成测量误差。不准将工件强行_____测头下，以免损坏百分表。

4. 使用前应调整内径百分表的_____。根据工件被测尺寸，选择相应精度标准环规或用量块及量块附件的组合体来调整内径百分表的_____。调整时表针应压缩 1 mm 左右，表针指向_____为宜。

5. 内径百分表调整及测量中，内径百分表的测头应与环规及被测孔径轴线_____，即在径向找最大值，在轴向找最小值。

二、计划与决策

请根据所学知识和任务要求，确定所需的测量设备和工具，并对小组成员进行合理分工，制订详细的任务实施计划。

1. 需要的测量设备和工具：_____

_____

2. 小组成员分工：_____

3. 任务实施计划：_____

_____

三、任务实施

图 4-11 所示为轴套零件图，学生加工后，用内径百分表测量孔径，判据合格性。

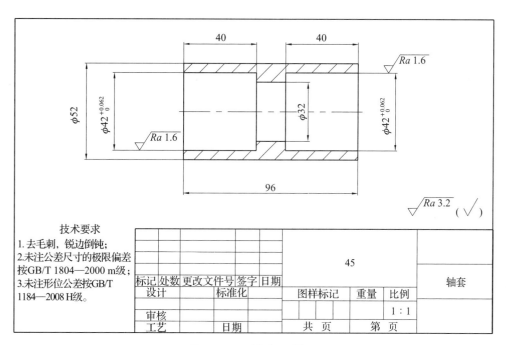

图 4-11 轴套零件图

1. 测量准备工作

（1）组合内径百分表如图 4-12 所示。

①百分表装入大管内，百分表上的小指针指在 1 左右位置（即给百分表有一定的预压）。

②按被测孔径选相应尺寸的可换测头装到主体上。

③检查测头的测量面，用手抚摸。若感觉有棱，说明测量面已经不是圆弧面，不能使用。

④安装可换测头时，尽量使其在活动范围的中间位置，这时产生的误差最小。

图 4-12 组合内径百分表

（2）校对"0"位。

按被测孔径选择量块，组合于量块夹内，测头放入量块夹内并轻轻摆动，在指针的最小值处将指示表调"0"，量块擦净后才能组合；也可根据被测尺寸选取校对环规或外径千分尺，校对"0"位；调好"0"位的内径百分表，不得松动，以防"0"位变化，如图4-13所示。

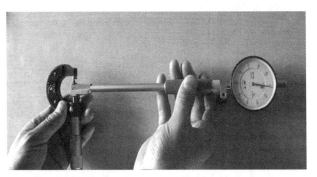

图4-13 用外径千分尺校对内径百分表"0"位

2. 测量工件

将测头放入被测孔内，摆动手柄几次，摆动过程中读取最小读数，即孔径的实际偏差。测量时连杆中心线应与工件中心线平行，不得歪斜；应在圆周上多测几个点，如图4-14所示。

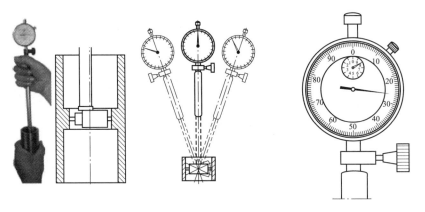

图4-14 测量工件

3. 数据处理

用内径百分表测量轴套内径，将测量数据填入表4-5内，做合格性判定。

表4-5 零件测量报告单

项目	图纸要求/mm	量具	点1测量值	点2测量值	点3测量值	平均值	合格性判定
孔径	$\phi42$						
	$\phi32$						

四、检查与评估

请根据任务完成的情况，对任务实施进行检查与自我评估，并提出改进意见。

1. _____

2. _____

五、任务评价与反馈

对本任务的知识掌握和技能运用情况进行测评，并将结果填入表4-6内。

表4-6 任务测评表

评价项目	评价标准	分值	评分要求	自评	互评	师评	得分
安全/8S/团队合作	1. 能进行工位8S操作； 2. 能进行设备和工具安全检查； 3. 能进行安全防护工作； 4. 能进行工具清洁、校准、归位存放操作； 5. 遵守三不落地要求	20	未完成1项扣4分，扣分不得超过20分	□熟练 □不熟练	□熟练 □不熟练	□合格 □不合格	
专业技能能力	用内径百分表测量孔径： 1. 能正确使用内径百分表读数； 2. 能使用正确的测量方法测量零件的内孔尺寸； 3. 能熟练运用测量步骤； 4. 能正确读出数值并记录； 5. 能对数值进行比较	50	未完成1项扣10分，扣分不得超过50分	□熟练 □不熟练	□熟练 □不熟练	□合格 □不合格	
工具及设备的使用能力	1. 能正确使用内径百分表； 2. 能正确使用内径百分表读数	10	未完成1项扣5分，扣分不得超过10分	□熟练 □不熟练	□熟练 □不熟练	□合格 □不合格	
资料、信息查询能力	1. 能正确使用检测手册查询资料； 2. 能正确记录检测数据，并填入相关表格内	10	未完成1项扣5分，扣分不得超过10分	□熟练 □不熟练	□熟练 □不熟练	□合格 □不合格	
数据判断和分析能力	1. 能用内径百分表测量数据，判据零件合格性； 2. 能运用内径百分表读数方法，读出测量数据	10	未完成1项扣5分，扣分不得超过10分	□熟练 □不熟练	□熟练 □不熟练	□合格 □不合格	
教师签字		100	教师总评	□合格 □不合格	实训成绩		

任务四　用光滑极限量规检验零件的尺寸

任务名称	用光滑极限量规检验零件的尺寸		学时		任务成绩	
学生姓名		班级/组别		工单号	实训日期	
实训设备、工具及仪器	轴、轴用光滑极限量规、孔用光滑极限量规		实训场地	理实一体化中心	实训教师	
任务目的	熟悉量具的选用；零件的轴径和孔径的检验步骤；能够用量具正确检验零件，判据合格性					

一、任务资讯

1. 光滑极限量规包括卡规和塞规两种，只能判断轴、孔尺寸是否合格，_____不能测出尺寸的具体数字。

2. 用轴用光滑极限量规检验时，通规通过，表示轴径小于上极限尺寸；止规不能通过，则表示轴径大于下极限尺寸，可判断零件该处尺寸_____。

3. 用孔用光滑极限量规检验孔时，通端过、止端止，即表示该孔_____公差要求。

4. 手持轴用光滑极限量规，应使量规检测面与被检测轴的轴线_____。

5. 轴用光滑极限量规测量零件步骤：

_____ ;

_____ ;

_____ ;

_____ 。

6. 简述孔用光滑极限量规测量中的注意事项。

_____

_____

二、计划与决策

请根据所学知识和任务要求，确定所需的工件、测量设备和工具，并对小组成员进行合理分工，制订详细的任务实施计划。

1. 需要的测量设备和工具：_____

_____

2. 小组成员分工：_____

3. 任务实施计划：_____

_____

三、任务实施

学校实习车间有一大批 L 形板零件，其形状尺寸如图 4-15 所示。学生用塞规检验 L 形板内孔尺寸 $\phi 10H7$，判据合格性。

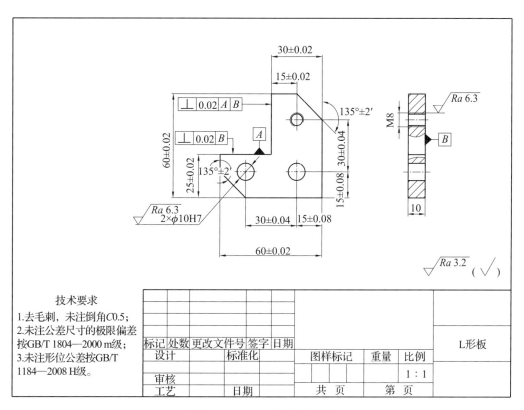

图 4-15　L 形板零件图

1. 检验前的准备

（1）测量前，检查所用光滑极限量规与图纸上公称尺寸、公差是否相符。

（2）检查光滑极限量规测量面有无毛刺、划伤、锈蚀等缺陷。

（3）检查被测零件的表面有无毛刺、棱角等缺陷。

（4）用清洁的细棉纱或软布，擦净光滑极限量规的工作表面，允许在工作表面涂薄油，减少磨损。

（5）辨别通端、止端。

2. 检验工件

（1）用塞规检测孔。

当用塞规的通端检测零件时，应将零件（孔）水平放置，手持塞规的手柄部位，一般不施加任何外力，让塞规在自身重力的作用下轻轻滑进孔里并通过孔的全长；或将零件（孔）垂直放置，用手稍微施加一点外力将塞规送进孔里，如图 4-16 和图 4-17 所示。

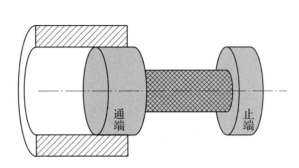

图 4-16　塞规通端进入零件孔内

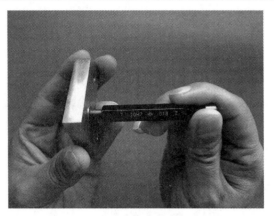

图 4-17　用塞规检验 L 形板工件
（通端进入零件孔内）

当塞规的止端检测零件时，手持塞规，在不施加很大力时，止端应不能进入孔内。如果有可能，那么孔的两端都应检测，如图 4-18 和图 4-19 所示。

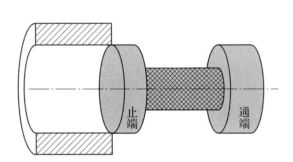

图 4-18　塞规止端不能进入零件孔内

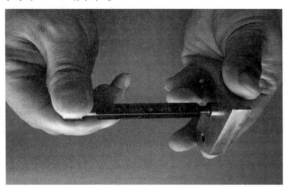

图 4-19　用塞规检验 L 形板工件
（止端不能进入零件孔内）

（2）用卡规检测轴。

当用卡规检测水平放置的零件时，凭借卡规自身的质量，通端应能通过轴，止端不能通过。在检测时，应沿圆周在至少四个方向和位置上进行检测，如图 4-20 所示。

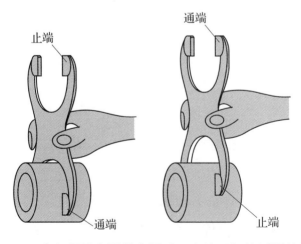

图 4-20　卡规通端在零件上滑过、止端只与被测零件接触

（3）评定检测结果。

当用光滑极限量规检测零件时，如果通端能通过，止端不能通过，那么该零件为合格品。通端通过是指通端在任何方向都能进入并通过零件；止端不能通过是指止端既不能进入又不能通过零件，若止端有部分进入零件（或被进入），则应判为不合格。将检测结果填入检测报告单（表4-7）中，并与图样要求进行比较。

2. 数据处理

用光滑极限量规检验L形板的内孔，将测量数据填入表4-7内，做合格性判定。

表4-7　零件测量报告单

项目	图纸要求 /mm	量具	Ⅰ		Ⅱ		Ⅲ		平均值	合格性判定
			通	止	通	止	通	止		
孔径检验	$\phi10H7$									

四、检查与评估

请根据任务完成的情况，对任务实施进行检查与自我评估，并提出改进意见。

1. _____

2. _____

3. _____

4. _____

5. _____

6. _____

7. _____

8. _____

五、任务评价与反馈

对本任务的知识掌握和技能运用情况进行测评，并将结果填入表4-8内。

表 4-8 任务测评表

评价项目	评价标准	分值	评分要求	自评	互评	师评	得分
安全 /8S/ 团队合作	1. 能进行工位 8S 操作； 2. 能进行设备和工具安全检查； 3. 能进行安全防护工作； 4. 能进行工具清洁、校准、归位存放操作； 5. 遵守三不落地要求	15	未完成 1 项扣 3 分，扣分不得超过 15 分	□熟练 □不熟练	□熟练 □不熟练	□合格 □不合格	
专业技能能力	用光滑极限量规检验 L 形板孔径尺寸： 1. 能正确使用光滑极限量规检验 L 形板孔径； 2. 能使用正确的测量方法测量 L 形板孔径； 3. 能正确判定合格性； 4. 能辨别通端、止端； 5. 能正确选用光滑极限量规	45	未完成 1 项扣 9 分，扣分不得超过 45 分	□熟练 □不熟练	□熟练 □不熟练	□合格 □不合格	
工具及设备的使用能力	1. 能正确使用轴用光滑极限量规； 2. 能正确使用孔用光滑极限量规	10	未完成 1 项扣 5 分，扣分不得超过 10 分	□熟练 □不熟练	□熟练 □不熟练	□合格 □不合格	
资料、信息查询能力	1. 能正确使用检测手册查询资料； 2. 能正确记录检测数据，并填入相关表格内	10	未完成 1 项扣 5 分，扣分不得超过 10 分	□熟练 □不熟练	□熟练 □不熟练	□合格 □不合格	
数据判断和分析能力	1. 能用光滑极限量规检验，判据零件合格性； 2. 能运用光滑极限量规检验方法，分析判断	20	未完成 1 项扣 10 分，扣分不得超过 20 分	□熟练 □不熟练	□熟练 □不熟练	□合格 □不合格	
教师签字		100	教师总评	□合格 □不合格	实训成绩		

项目五　典型零件的检测

任务一　轴类零件的技术测量

任务名称	轴类零件的技术测量		学时		任务成绩	
学生姓名		班级/组别		工单号	实训日期	
实训设备、工具及仪器	平板、支承座、测量块、磁性表座、外径千分尺、杠杆式百分表、钟表式百分表、表面粗糙度测量仪		实训场地	理实一体化中心	实训教师	
任务目的	熟悉轴类零件的技术要求；掌握轴类零件的测量内容和方法；能够用量具正确检测轴类零件的各项误差					

一、任务资讯

1. 轴类零件检测过程中的各项误差有_____、_____、_____、_____。

2. 轴类零件的技术要求包括_____精度、_____精度、_____精度、_____精度。

3. 轴类零件的测量内容包括_____。

4. 轴类零件的测量方法包括：

_____；

_____；

_____；

_____。

二、计划与决策

请根据所学知识和任务要求，确定所需的工件、测量设备和工具，并对小组成员进行合理分工，制订详细的任务实施计划。

1. 需要的测量设备和工具：_____

_____

2. 小组成员分工：_____

_____

3. 任务实施计划：_____

_____

三、任务实施

图 5-1 所示为后轴零件图，本任务要求对加工后的零件各部分几何参数误差进行尺寸检测，判据合格性。

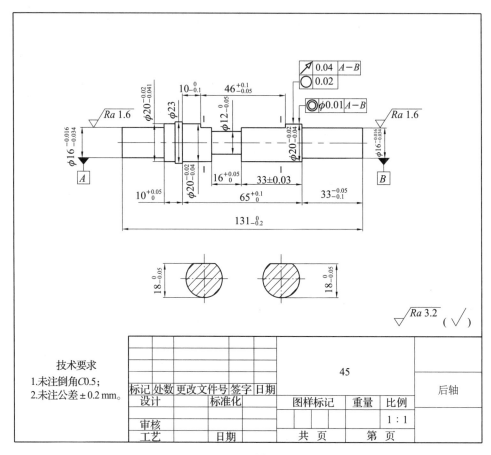

图 5-1 后轴零件图

1. 轴类零件外径尺寸的检测

（1）检测前准备工作。

①根据后轴零件两端外径尺寸选用量程为 0~25 mm 的外径千分尺。

②校对千分尺，对准零线，如图 5-2 所示；用 25 mm 的样棒校对零位，如图 5-3 所示。

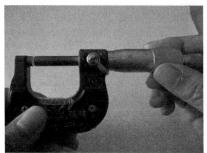

图 5-2 外径千分尺对准零位

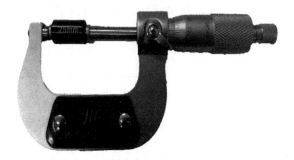

图 5-3 用 25 mm 样棒校对零位

③使用前，应把千分尺的两个测砧面擦干净，转动测力装置，使两测砧面接触，接触面上应没有间隙和漏光现象，同时微分筒和固定套筒要对准零位，以及把零件的测量表面擦干净。

（2）工件检测中。

①外径千分尺测量轴线应与工件被测长度方向一致，不要歪斜着测量，如图5-4所示。

②当转动微分筒使测微螺杆接近被测工件时，一定要改用测力装置旋转接触被测工件，不能直接旋转微分筒测量工件。

③读数时视线应与尺身表面垂直，避免产生视觉误差。

④在轴的三处不同截面、两个方向测量，如图5-5所示，记下读数。

图5-4　外径千分尺检测方法

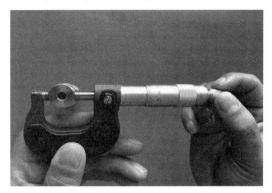

图5-5　外径千分尺检测方法

（3）数据处理。

检测轴类零件外径尺寸，将测量原始数据填入表5-1内，做合格性判定。

表 5-1　零件检测报告单

测量位置		Ⅰ—Ⅰ		Ⅱ—Ⅱ	Ⅲ—Ⅲ
测量方向	A—A'				
	B—B'				
零件允许误差 /μm		实际测得的偏差 /μm		被测零件是否合格	
上偏差	−0.016	最大			
	最小				
下偏差	−0.034	最大			
	最小				

2.轴类零件几何形状公差（圆度）的检测

（1）检测前准备工作。

①根据形状公差要求选用百分表。

②百分表使用时，测头与被测表面接触时测杆应有一定的预压量，一般为0.3~0.5 mm，使保持一定初始预紧力。

③百分表测量前，转动表盘使指针正好指在表盘的零线上。

（2）检测中。

①检测方法和步骤。

测量平面时，测杆要与被测表面垂直；测量圆柱工件时，测杆的轴线应与工件直径方向垂直，不能测量表面粗糙的毛坯工件，如图5-6所示。

②在轴的三处不同截面，两个方向测量，如图5-7所示，记下读数。

图5-6　圆度公差检测示意图　　　　　　图5-7　圆度公差检测示意图

（3）数据处理。

轴类零件圆度公差的检测，将测量数据填入表5-2内，做合格性判定。

表5-2　零件检测报告单

测量位置		$A—A$	$B—B$	$C—C$	$D—D$
测量 方向	$A—A'$				
	$B—B'$				
零件允许误差 /μm		实际测得的偏差 /μm		被测零件是否合格	
误差	0.02	最大			
		最小			

3. 轴类零件位置公差（同轴度）的检测

（1）检测前准备工作。

①将后轴放在两块V形架上，置在平板上并调整水平。

②将后轴零件基准轮廓要素的中截面（两端圆柱的中间位置）放置在两个等高的V形架上。

③安装好百分表、表座、表架，调节百分表，使测头与工件被测外表面接触，并有1~2圈的压缩量，如图5-8（a）所示。

（2）检测中，如图5-8（b）所示。

①缓慢而均匀地转动后轴一周，并观察百分表指针的波动，取最大读数 M_{max} 与最小读数 M_{min} 的差值之半，作为该截面的同轴度误差。

②转动后轴零件，按上述方法测量四个不同截面（截面 A、B、C、D），取各截面测得的最大读数 M_{imax} 与最小读数 M_{imin} 差值之半中的最大值（绝对值）作为该零件的同轴度误差。

 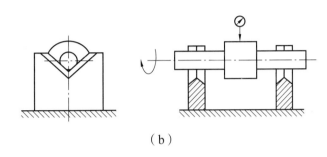

（a）　　　　　　　　　　　　　　（b）

图 5-8　同轴度公差检测示意图

（3）数据处理。

轴类零件同轴度公差的检测，将测量数据填入表 5-3 内，做合格性判定。

表 5-3　零件检测报告单

测量位置		$A—A$	$B—B$	$C—C$	$D—D$
测量 方向	$A—A'$				
	$B—B'$				
零件允许误差 /μm		实际测得的偏差 /μm		被测零件是否合格	
误差	0.02	最大			
		最小			

4. 轴类零件表面粗糙度误差的检测

（1）检测前准备工作。

①开机检查电池电压是否正常。

②擦净工件被测表面。

（2）检测中。

①将传感器插入仪器底部的传感器连接套中，然后轻推到底，如图 5-9 所示。传感器的滑行轨迹必须垂直于工件被测表面的加工纹理方向。

②按回车键设置所需的测量条件，按开始测量键，开始采样并进行滤波处理，然后等待进行参数计算。

③测量完毕，返回到基本测量状态，显示测量结果并记录数据。

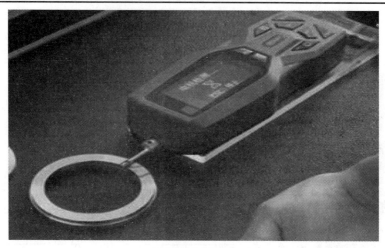

图 5-9　表面粗糙度检测示意图

（3）数据处理。

轴类零件表面粗糙度的检测，将测量数据填入表 5-4 内，做合格性判定。

表 5-4　零件检测报告单

测量位置	$A—A$	$B—B$		$C—C$	$D—D$
粗糙度零件允许误差 /μm		实际测得的偏差 /μm		被测零件粗糙度是否合格	
误差	$Ra1.6$	最大			
		最小			

四、检查与评估

请根据任务完成的情况，对任务实施进行检查与自我评估，并提出改进意见。

1. _____

_____

2. _____

_____

3. _____

_____

4. _____

_____

五、任务评价与反馈

对本任务的知识掌握和技能运用情况进行测评，并将结果填入表 5-5 内。

表 5-5　任务测评表

评价项目	评价标准	分值	评分要求	自评	互评	师评	得分
安全 /8S/ 团队合作	1. 能进行工位 8S 操作； 2. 能进行设备和工具安全检查； 3. 能进行安全防护工作； 4. 能进行工具清洁、校准、归位存放操作； 5. 遵守三不落地要求	10	未完成 1 项扣 2 分，扣分不得超过 10 分	□熟练 □不熟练	□熟练 □不熟练	□合格 □不合格	
专业技能能力	作业 1 检测轴径尺寸 1. 能正确使用千分尺读数； 2. 用正确测量方法测量零件的轴径； 3. 能正确读出数值； 4. 能对读数值进行数据处理。 作业 2 检测几何形位公差 1. 能正确使用百分表读数； 2. 正确测量零件的几何形位公差； 3. 正确的测量步骤； 4. 能正确读出数值并记录。 作业 3 检测位置公差 1. 能正确使用百分表读数； 2. 用正确测量方法测量零件的位置公差； 3. 能正确读出数值； 4. 能对读数值进行数据处理。 作业 4 检测表面粗糙度 1. 正确使用表面粗糙度测量仪读数； 2. 能测量零件的表面粗糙度； 3. 正确的测量步骤； 4. 能正确读出数值并记录	48	未完成 1 项扣 3 分，扣分不得超过 48 分	□熟练 □不熟练	□熟练 □不熟练	□合格 □不合格	
工具及设备的使用能力	1. 能正确使用钟表式百分表； 2. 能正确使用千分尺； 3. 能正确使用内径百分表； 4. 能正确使用表面粗糙度测量仪	12	未完成 1 项扣 3 分，扣分不得超过 12 分	□熟练 □不熟练	□熟练 □不熟练	□合格 □不合格	
资料、信息查询能力	1. 能正确使用检测手册查询资料； 2. 能正确记录检测数据，填入相关表格	10	未完成 1 项扣 5 分，扣分不得超过 10 分	□熟练 □不熟练	□熟练 □不熟练	□合格 □不合格	
数据判断和分析能力	1. 能判断检测数据的正确与否； 2. 能用测量工具读数	20	未完成 1 项扣 10 分，扣分不得超过 20 分	□熟练 □不熟练	□熟练 □不熟练	□合格 □不合格	
教师签字		100	教师总评	□合格 □不合格	实训成绩		

任务二 齿轮类零件的技术测量

任务名称	齿轮类零件的技术测量			学时		任务成绩	
学生姓名		班级/组别		工单号		实训日期	
实训设备、工具及仪器	齿厚游标卡尺、公法线千分尺、齿轮周节检测仪、齿轮径向跳动检测仪			实训场地	理实一体化中心	实训教师	
任务目的	熟悉齿轮传动的技术要求；掌握齿轮单项测量项目的检测方法						

一、任务资讯

1. 齿轮传动的技术要求_____、_____、_____、_____。

2. 齿轮的技术要求包括_____精度、_____精度、_____精度、_____精度。

3. 齿轮的检测项目包括_____、_____、_____、_____、_____。

4. 齿轮测量器具有_____、_____、_____、_____。

5. 简述齿厚游标卡尺、公法线千分尺、手持式测距仪、齿轮径向跳动检查仪的检测方法。

二、计划与决策

请根据所学知识和任务要求，确定所需的工件、测量设备和工具，并对小组成员进行合理分工，制订详细的任务实施计划。

1. 需要的测量设备和工具：_____

_____

2. 小组成员分工：_____

_____

3. 任务实施计划：_____

_____

三、任务实施

图 5-10 所示为直齿圆柱齿轮零件图，本任务要求对齿轮各部分形位误差进行检测，判据合格性。

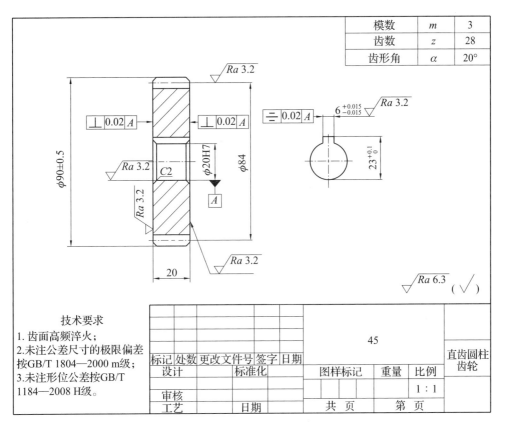

图 5-10 直齿圆柱齿轮零件图

1. 用齿厚游标卡尺检测齿轮齿厚偏差

（1）检测前准备工作。

擦净齿厚游标卡尺的表面；对齿厚游标卡尺校准零线。

（2）检测中。

①将齿厚游标卡尺置于被测轮齿上，使高度卡尺与齿轮齿顶相接触，并使卡尺的量爪垂直于齿轮的轴线。

②移动宽度卡尺的量爪，使它和另一量爪分别与轮齿的左、右齿面接触（齿轮齿顶与高度卡尺之间不得出现空隙），从宽度卡尺上读出的示值即实际齿厚值，如图 5-11 和图 5-12 所示。

③在相对 180° 分布的两个齿上测量，测得的齿厚实际值与齿厚公称值之差即齿厚偏差 ΔE_{sn}。取其中的最大值和最小值作为测量结果。

④擦净齿厚游标卡尺及工具，整理现场。

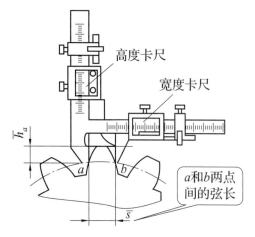

图 5-11 用齿厚游标卡尺检测齿轮分度圆齿厚　　图 5-12 齿厚游标卡尺测分度圆齿厚示意图

（3）数据处理。

用齿厚游标卡尺检测齿轮齿厚偏差，将测量原始数据填入表 5-6 内，做合格性判定。

表 5-6　零件检测报告单

测量器具	齿厚游标卡尺			
被测齿轮参数	模数	齿数	齿形角	精度
	齿顶圆直径	分度圆齿厚	齿厚上偏差	齿厚下偏差
	分度圆齿高			
	齿顶圆实际直径			
	高度卡尺调定高度			
测量次数	测量结果			
	齿厚实际值	齿厚实际偏差	结论（说明理由）	
1				
2				
3				
4				

2. 用公法线千分尺检测公法线长度偏差

（1）检测前准备工作。

熟悉量具，并调试（或校对）零位：用标准校对棒放入公法线千分尺的两测量面之间校对"零"位，记下校对格数。

（2）检测工件。

①使两测头能插进被测齿轮的齿槽内，与齿侧渐开线面相切。

②跨相应的齿数，沿着轮齿三等分的位置测量公法线长度，如图5-13所示。

③清洗量具，整理现场。

图5-13　用公法线千分尺检测公法线长度偏差

（3）数据处理。

用公法线千分尺检测公法线长度偏差，将测量数据填入表5-7内，做合格性判定。

表5-7　零件检测报告单

测量器具	公法线千分尺	
被测齿轮参数	公法线长度变动公差	
	跨齿数 K	
	公法线公称长度 W_k	
测量次数	测量结果	
	公法线公称长度 W_i	合格性评定
1		
2		
3		$E_{bn}=$
4		
5		
6		

3. 用齿轮径向跳动检测仪测量齿轮的径向跳动误差

（1）检测前准备工作。

擦净工件和测量工具；调整指示表，校零。

（2）检测工件。

①选择合适的球形测头装入指示表测杆的下端，如图5-14所示。

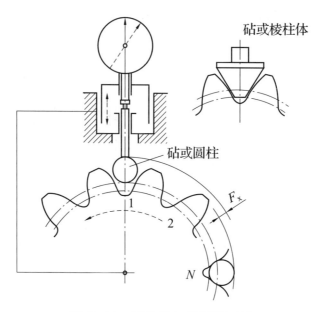

图5-14 测头装入测杆的下端

②将被测齿轮和芯轴装在仪器的两顶尖上紧固。

③调整滑板位置，使指示表测头位于齿宽的中部。

④逐齿测量一周，记下每一齿指示表的读数。

⑤最大读数和最小读数的差值为齿轮径向跳动误差F_r，如图5-15所示，与其公差比较做出合格性结论。

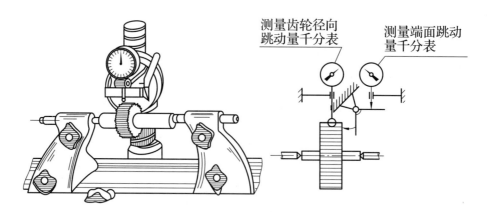

图5-15 用齿轮径向跳动检测仪测量齿轮的径向跳动误差

（3）数据处理。

用齿轮径向跳动检测仪测量齿轮的径向跳动误差，将测量数据填入表5-8内，做合格性判定。

表 5-8　零件检测报告单

测量器具	齿轮径向跳动检测仪						
被测齿轮参数	齿数		模数		齿形角	精度	径向跳动公差
测量结果	序号	读数	序号	读数	序号	读数	序号	读数
	2		4		6		8	
径向跳动误差 F_r							
结论	理由						

4. 用齿轮周节检测仪检测齿轮单个齿距偏差和齿距累积偏差

（1）检测前准备工作。

擦净工件和齿轮周节检测仪表面；调整零线。

（2）检测中。

①调整固定量爪的工作位置。

②调整定位杆的工作位置。

③以任意一个齿距作为基准齿距进行测量，调整指示表使指针对准零位。

④对齿轮逐齿进行测量，测出各实际齿距及测量基准的偏差，如图 5-16 所示，做好记录。

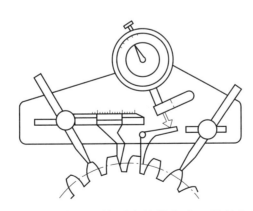

图 5-16　用齿轮周节检测仪检测齿轮单个齿距偏差和齿距累积偏差

（3）数据处理。

用齿轮周节检测仪检测齿轮单个齿距偏差和齿距累积偏差，将测量数据填入表5-9内，做合格性判定。

表 5-9　零件检测报告单

测量器具	齿轮周节检测仪			
被测齿轮	模数	齿数	齿形角	精度
	单个齿距偏差允许值		齿距累积偏差允许值	
	测量结果与数据处理			
齿距序号	相对齿距偏差（读数值）	读数值累加	单个齿距偏差	齿距累积偏差
1				
2				
3				
相对齿距偏差修正值				
单个齿距偏差				
齿距累积偏差				
结论			理由	

四、检查与评估

请根据任务完成的情况，对任务实施进行检查与自我评估，并提出改进意见。

1. _____

_____

2. _____

_____

五、任务评价与反馈

对本任务的知识掌握和技能运用情况进行测评，并将结果填入表5-10内。

评价项目	评价标准	分值	评分要求	自评	互评	师评	得分
安全/8S/团队合作	1. 能进行工位 8S 操作； 2. 能进行设备和工具安全检查； 3. 能进行安全防护工作； 4. 能进行工具清洁、校准、归位存放操作； 5. 遵守三不落地要求	10	未完成 1 项扣 2 分，扣分不得超过 10 分	□熟练 □不熟练	□熟练 □不熟练	□合格 □不合格	
专业技能能力	作业 1 用齿厚游标卡尺检测齿轮齿厚偏差 1. 能正确使用齿厚游标卡尺读数； 2. 能使用正确的测量方法测量齿轮齿厚偏差； 3. 能正确读出数值； 4. 能对读数值进行数据处理。 作业 2 用公法线千分尺检测公法线长度偏差 1. 能正确使用公法线千分尺读数； 2. 能使用正确的测量方法测量齿轮的公法线长度偏差； 3. 能熟练运用测量步骤； 4. 能正确读出数值并记录。 作业 3 用齿轮径向跳动检测仪测量齿轮的径向跳动误差 1. 能正确使用齿轮径向跳动检测仪读数； 2. 能使用正确的测量方法测量齿轮的径向跳动误差； 3. 能正确读出数值； 4. 能对读数值进行数据处理。 作业 4 用齿轮周节检查仪检测齿轮单个齿距偏差和齿距累积偏差 1. 能正确使用齿轮周节检查仪读数； 2. 能使用正确的测量方法测量齿轮单个齿距偏差和齿距累积偏差； 3. 能熟练运用测量步骤； 4. 能正确读出数值并记录	48	未完成 1 项扣 3 分，扣分不得超过 48 分	□熟练 □不熟练	□熟练 □不熟练	□合格 □不合格	
工具及设备的使用能力	1. 能正确使用齿厚游标卡尺； 2. 能正确使用公法线千分尺； 3. 能正确使用齿轮径向跳动检测仪； 4. 能正确使用齿轮周节检测仪	12	未完成 1 项扣 3 分，扣分不得超过 12 分	□熟练 □不熟练	□熟练 □不熟练	□合格 □不合格	
资料、信息查询能力	1. 能正确使用检测手册查询资料； 2. 能正确记录检测数据，并填入相关表格内	10	未完成 1 项扣 5 分，扣分不得超过 10 分	□熟练 □不熟练	□熟练 □不熟练	□合格 □不合格	
数据判断和分析能力	1. 能判断检测数据的正确与错误； 2. 能规范记录数据，并根据数据判断误差情况	20	未完成 1 项扣 10 分，扣分不得超过 20 分	□熟练 □不熟练	□熟练 □不熟练	□合格 □不合格	
教师签字		100	教师总评	□合格 □不合格	实训成绩		

表 5-10　任务测评表

项目六 精密测量技术在检测中的应用

任务一 接触式测量技术在检测中的应用

任务名称	接触式测量技术在检测中的应用		学时		任务成绩	
学生姓名		班级／组别		工单号	实训日期	
实训设备、工具及仪器	三坐标测量机、工作台		实训场地	理实一体化中心	实训教师	
任务目的	写出三坐标测量的流程；三坐标测量机启动前的准备工作，正确启动和关闭测量机					

一、任务资讯

1. 三坐标测量机的主体由_____、_____、_____、_____、_____、_____与附件等组成。

2. 常见的三坐标测量机按结构形式可分为_____、_____、_____、_____。

3 三坐标测量机的基本原理是由三个相互垂直的_____建立起三维空间坐标系，测头与_____接触，精确地测出_____表面的点在空间三个坐标位置的数值，经过数学计算的方法得出其形状、位置公差及其他_____数据。

4. 三坐标测量机的应用领域和优缺点包括：

_____；

_____。

二、计划与决策

请根据所学知识和任务要求，确定所需的工件、测量设备和工具，并对小组成员进行合理分工，制订详细的任务实施计划。

1. 需要的测量设备和工具：_____

_____

2. 小组成员分工：_____

_____

3. 任务实施计划：_____

_____

三、任务实施

1. 参观学校实训车间或校企合作实训基地的精密测量室，观察三坐标测量机的工作过程，撰写一份包含硬件组成、结构形式、工作原理以及能实现哪些测量功能的三坐标测量机的见习报告。

2. 随着电子、航天航空、生物医药、汽车等行业蓬勃发展，生产环节的智能化转型明显加速，对智能检测装备的需求呈现大幅增长。请同学们观看几种精密测量仪器的操作视频，感受高效率、高精度的智能化测量技术如何助力制造业数字化转型、智能化变革，总结智能测量装备的优势。

四、检查与评估

请根据任务完成的情况，对任务实施进行检查与自我评估，并提出改进意见。

五、任务评价与反馈

对本任务的知识掌握和技能运用情况进行测评，并将结果填入表 6-1 内。

表 6-1　任务测评表

评价项目	评价标准	分值	评分要求	自评	互评	师评	得分
安全 /8S/ 团队合作	1. 能进行工位 8S 操作； 2. 能进行设备和工具安全检查； 3. 能进行安全防护工作； 4. 能进行工具清洁、校准、归位存放操作； 5. 遵守三不落地要求	15	未完成 1 项扣 3 分，扣分不得超过 15 分	□熟练 □不熟练	□熟练 □不熟练	□合格 □不合格	
专业技能能力	1. 三坐标测量机的组成、结构； 2. 三坐标测量机的原理、特点	30	未完成 1 项扣 15 分，扣分不得超过 30 分	□熟练 □不熟练	□熟练 □不熟练	□合格 □不合格	
工具及设备的使用能力	能正确使用网络资源了解三坐标测量机	15	未完成 1 项扣 15 分，扣分不得超过 15 分	□熟练 □不熟练	□熟练 □不熟练	□合格 □不合格	
资料、信息查询能力	1. 能正确使用检测手册查询资料； 2. 能正确记录检测数据，填入相关表格内	20	未完成 1 项扣 10 分，扣分不得超过 20 分	□熟练 □不熟练	□熟练 □不熟练	□合格 □不合格	
数据判断和分析能力	能从网络中收集相关信息，并能排除无关信息和错误信息，合理地对信息进行分类	20	未完成 1 项扣 10 分，扣分不得超过 20 分	□熟练 □不熟练	□熟练 □不熟练	□合格 □不合格	
教师签字		100	教师总评	□合格 □不合格	实训成绩		

任务二　非接触式测量技术在检测中的应用

任务名称	非接触式测量技术在检测中的应用		学时		任务成绩	
学生姓名		班级 / 组别		工单号	实训日期	
实训设备、工具及仪器	计算机、图样		实训场地	理实一体化中心	实训教师	
任务目的	通过网络资源，了解常见非接触式测量的应用场景，感受检测方式的突破					

一、任务资讯

1.简述激光跟踪仪、拍照测量设备、三维光学扫描仪、复合式影像测量仪的应用场景。

_____；

_____；

_____；

_____。

2.简述非接触测量的特点。

_____；

_____；

_____；

_____。

二、计划与决策

请根据所学知识和任务要求，确定所需的工件、测量设备和工具，并对小组成员进行合理分工，制订详细的任务实施计划。

1.需要的测量设备和工具：_____

_____

2.小组成员分工：_____

_____

3.任务实施计划：_____

_____

三、任务实施

非接触式测量传感器可广泛应用于防撞、测量、安防等领域。但是因为关乎测量结果成败，所以选择这些传感器的时候，也要掌握不同的技巧。请利用网络检索常见四类非接触式测距传感器，将结果填入表6-2内。

表 6-2　常见四类非接触式测距传感器报告单

类型	产品图片	工作原理	常见应用	优势	劣势
超声波					
微波雷达					
毫米波雷达					
激光雷达					

四、检查与评估

请根据任务完成的情况，对任务实施进行检查与自我评估，并提出改进意见。

1. _____

2. _____

3. _____

4. _____

五、任务评价与反馈

对本任务的知识掌握和技能运用情况进行测评，并将结果填入表 6-3 内。

表 6-3　任务测评表

评价项目	评价标准	分值	评分要求	自评	互评	师评	得分
安全 /8S/ 团队合作	1. 能进行工位 8S 操作； 2. 能进行设备和工具安全检查； 3. 能进行安全防护工作； 4. 能进行工具清洁、校准、归位存放操作； 5. 遵守三不落地要求	10	未完成 1 项扣 2 分，扣分不得超过 10 分	□熟练 □不熟练	□熟练 □不熟练	□合格 □不合格	
专业技能能力	三维光学扫描仪检测方法： 1. 常见的非接触式测量技术； 2. 简述非接触测量的特点； 3. 完善常见四类非接触式测距传感器信息表	45	未完成 1 项扣 15 分，扣分不得超过 45 分	□熟练 □不熟练	□熟练 □不熟练	□合格 □不合格	
工具及设备的使用能力	能正确使用网络资源了解常见非接触式测量的应用场景	15	未完成 1 项扣 15 分，扣分不得超过 15 分	□熟练 □不熟练	□熟练 □不熟练	□合格 □不合格	
资料、信息查询能力	1. 能正确使用检测手册查询资料； 2. 能正确记录检测数据，填入相关表格内	10	未完成 1 项扣 5 分，扣分不得超过 10 分	□熟练 □不熟练	□熟练 □不熟练	□合格 □不合格	
数据判断和分析能力	能从网络中收集相关信息，并能排除无关信息和错误信息，合理地对信息进行分类	20	未完成 1 项扣 10 分，扣分不得超过 20 分	□熟练 □不熟练	□熟练 □不熟练	□合格 □不合格	
教师签字		100	教师总评	□合格 □不合格	实训成绩		